Bajarangilal Chaudhary

Septicemia neonatal

Bajarangilal Chaudhary

Septicemia neonatal

ScienciaScripts

Imprint
Any brand names and product names mentioned in this book are subject to trademark, brand or patent protection and are trademarks or registered trademarks of their respective holders. The use of brand names, product names, common names, trade names, product descriptions etc. even without a particular marking in this work is in no way to be construed to mean that such names may be regarded as unrestricted in respect of trademark and brand protection legislation and could thus be used by anyone.

Cover image: www.ingimage.com

This book is a translation from the original published under ISBN 978-620-2-06130-8.

Publisher:
Sciencia Scripts
is a trademark of
Dodo Books Indian Ocean Ltd. and OmniScriptum S.R.L publishing group

120 High Road, East Finchley, London, N2 9ED, United Kingdom
Str. Armeneasca 28/1, office 1, Chisinau MD-2012, Republic of Moldova, Europe
Managing Directors: Ieva Konstantinova, Victoria Ursu
info@omniscriptum.com

Printed at: see last page
ISBN: 978-620-8-58556-3

ÍNDICE DE CONTEÚDOS

Capítulo 1	2
Capítulo 2	4
Capítulo 3	15
Capítulo 4	19
Capítulo 5	20
Capítulo 6	30
Capítulo 7	31
Capítulo 8	40
Capítulo 9	46
Capítulo 10	55

SEPTICEMIA NEONATAL

1. INTRODUÇÃO:

A septicemia é uma razão típica de horror e mortalidade em recém-nascidos. Os recém-nascidos são especialmente vulneráveis à infeção devido à sua frágil resistência. Foram reconhecidos alguns factores de risco nos recém-nascidos que os tornam indefesos às doenças. As infecções da corrente sanguínea são extremamente básicas no grupo etário pediátrico. Os recém-nascidos com bacteriémia podem ter uma bacteriémia transitória que pode ser rapidamente e para sempre eliminada pelas suas resistências sem resultados significativos, ou uma bacteriémia persistente que pode atuar de forma naturalmente limitada sem o avanço da doença central ou sequelas, ou pode avançar para uma infeção letal mais genuína ou indicações perigosas (Sharma M, 2012).

A bacteriemia é a proximidade de bactérias práticas no sangue circulante. Septicemia é a doença séptica causada pelo aumento de bactérias no sangue circulante (Ananthanarayan e Paniker, 2015)

A presença de bactérias no sangue de um doente tem uma importância analítica e prognóstica incrível. A hemocultura fornece dados fundamentais para a avaliação de uma série de doenças como a endocardite, a pneumonia e a pirexia de início incerto e, especialmente, em doentes com suspeita de sépsis (DS Murty, 2007).

A sépsis neonatal é um distúrbio clínico caracterizado por sinais e sintomas de doença com ou sem bacteriemia no primeiro mês de vida (Shankar M. J, 2008).

O tratamento eficaz e o excelente resultado do tratamento da infeção bacteriana em recém-nascidos dependem do início precoce de um tratamento antimicrobiano adequado. Assim, os clínicos são constantemente constrangidos a efetuar uma determinação precoce. Seja como for, a conclusão precoce da infeção bacteriana é uma tarefa problemática. O relatório positivo da hemocultura, que é o nível de qualidade mais elevado para a conclusão da septicemia neonatal, requer 48-72 horas. Além disso, o rendimento da hemocultura é adicionalmente baixo e, em algumas instalações de tratamento, o laboratório pode não estar disponível (Ramesh Bhat Y 2010).

Desta forma, para além da hemocultura, foram avaliados diferentes testes de centros de investigação para a conclusão da doença de base em recém-nascidos. A contagem completa de células sanguíneas (CBC) com os diferentes parâmetros de neutrófilos e a proteína C-recetiva (PCR) são os testes mais utilizados. A PCR é um reagente de fase aguda combinado pelo fígado que aumenta na presença de agravamento causado por doença ou lesão tecidual (Orlando da Silva, 1998).

Nos países em desenvolvimento, a sépsis é o motivo mais comum de mortalidade, responsável por 30-50% dos 5 milhões de mortes neonatais agregadas todos os anos. A frequência anunciada de sépsis neonatal varia entre 7,1 e 38 por cada 1000 nados-vivos na Ásia. A National Neonatal Prenatal Database (NNPD, 2002-2003) da Índia revelou uma frequência que varia entre 0,1% e 4,5%. A base de dados, que contém 18 unidades neonatais de cuidados terciários em toda a Índia, observou que a sépsis é uma das razões mais comuns para a mortalidade neonatal, representando 19% de cada morte neonatal. A septicemia foi a classe clínica mais comum, com uma taxa de 23 por cada 1000 nados-vivos. Exames anteriores efectuados por cientistas indianos demonstram que as formas de bactérias gram-negativas são mais frequentemente responsáveis pela septicemia do que as bactérias gram-positivas. (Sriram R 2011).

Como a septicemia neonatal é uma crise perigosa, a aprendizagem da sensibilidade epidemiológica e antibiótica do agente patogénico numa determinada região aconselha a seleção de antimicrobianos. A predominância de isolados bacterianos gram-positivos ou gram-negativos é influenciada pela localização geográfica e pela mudança no tempo, assim como o padrão de suscetibilidade aos antibióticos é influenciado pela localização e pelo tempo. Algumas bactérias habitualmente isoladas incluem *Escherichia coli, Klebsiella pneumoniae,* espécies de *Enterobacter*, *Pseudomonas aeruginosa* e *Staphylococcus aureus (*S.I. Nwadioha 2010).

A garantia do perfil bacteriano e do seu exemplo de afetação anti-infecciosa permitirá o controlo da doença e a utilização normal de anti-infecciosos no nosso local de estudo. A amostra de isolados bacterianos e o seu perfil de afetividade antimicrobiana da bacteriemia ajudarão a antecipar crises perigosas e o resultado do tratamento. Na perspetiva dos elementos acima referidos, a presente investigação foi tentada num hospital de cuidados terciários, o Mayo Institute of Medical Sciences, Barabanki, UP.

2. REVISÃO DA LITERATURA

2.1 HISTÓRIA

Em 1847, um jovem obstetra húngaro, I. Ganc Sammelweis (1818-1865), descobriu a etiologia e a profilaxia da sépsis puerperal e efectuou o exame legítimo da sépsis neonatal e organizou os dados relativos à mortalidade. (S.I. Nwadioha 2010)

A sépsis nos recém-nascidos pode ser difícil de separar de outras doenças, uma vez que os sinais clínicos são inespecíficos (Siegel JD, 1981 e Chan DK, Ho LY). O adiamento do início do tratamento por um par de horas pode aumentar significativamente a gravidade e a mortalidade (Hogasen AK, 1997). As técnicas convencionais, por exemplo, a cultura de sangue, não permitem uma determinação rápida. No entanto, estão disponíveis testes que podem reconhecer os recém-nascidos que têm uma infeção bacteriana. No fago agudo, as convergências de numerosas proteínas séricas aumentam à luz da inflamação, alergia, lesão ou dano tecidular. Entre estas proteínas, as mais importantes são a proteína C reactiva (PCR), a haptoglobina e o fibrinogénio. Podem ser utilizadas como marcadores não específicos de sépsis bacteriana. No entanto, a VHS demora até 24 horas a alterar-se à luz da doença e, por isso, não é um teste específico para a conclusão de uma bacteriemia neonatal intensa (Kite P, 1988).

A procalcitonina e a PCR são biomarcadores da sépsis (Zahedpasha Y, 2009 e Chiesa C 2004). Marshall JC et al, em 2003, referiram que as moléculas relacionadas com as células podem ser utilizadas como marcadores prescientes da sépsis. O confinamento é a ausência de 100% de sensibilidade e especificidade. Os efeitos secundários do exame de testes analíticos relacionados ou de uma mistura de testes são mais frutuosos na previsão da sépsis. A contagem diferencial de leucócitos é geralmente efectuada como teste de despistagem da infeção. Uma infeção intensa e irresistível pode ser reconhecida pela contagem de leucócitos, de neutrófilos totais (ANC) e pela proporção alargada de B:T (linfócitos B para linfócitos T). De acordo com Todd (1984), a contagem de bandas é um indicador mais fiável do que a contagem de leucócitos. As alterações morfológicas dos neutrófilos, como a granulação tóxica e a vacuolização, são excelentes indicadores de sépsis (Liu.C.H 1985).

2.2 Definições (Ghai O.P, 2004)

Neonato: O bebé é conhecido como neonato ou lactente desde o nascimento até um mês (28 dias) de idade. Em primeiro lugar, o período de sete dias de vida (< 7 dias ou < 168 horas) é conhecido como período neonatal precoce. O período neonatal tardio estende-se do sétimo ao <28º dia.

Período perinatal

O período perinatal estende-se da 22ª semana de gestação até menos de 7 dias de vida após o nascimento.

Bebé de termo

Qualquer recém-nascido nascido entre 37 e < 42 semanas (259-293 dias) de gravidez, independentemente do peso à nascença, é designado por bebé de termo.

Bebé pré-termo

Qualquer neonato nascido após 37 semanas (< 259 dias) de gravidez, independentemente do peso à nascença.

Bebé pós-termo

Qualquer recém-nascido com uma idade de gestação igual ou superior a 42 semanas (294 dias ou mais), independentemente do peso à nascença.

Bebé muito prematuro

Qualquer recém-nascido nascido no final do segundo trimestre (20-27 semanas) e com um peso mínimo de 500g à nascença.

Bebé com baixo peso à nascença (LBW)

Qualquer recém-nascido com peso inferior a 2500 g à nascença, independentemente da idade gestacional.

Baixo peso à nascença de alto risco (HRLBW)

Qualquer recém-nascido com peso inferior a 2000g à nascença.

Bebé com muito baixo peso à nascença (VLBW)

Qualquer recém-nascido com peso inferior a 1500g à nascença, independentemente da idade gestacional.

Peso extremamente baixo à nascença (ELBW)

Qualquer recém-nascido com peso inferior a 1000 g à nascença, independentemente da idade gestacional.

Sepsis de início precoce

Sepsis que ocorre em menos de 3 dias ou 72 horas de vida.

Sepsis de início tardio

Sepsis que ocorre em mais de 3 dias ou 72 horas de vida.

2.3 CLASSIFICAÇÃO DA SEPSIS NEONATAL (Agarawal R 2008)

A sépsis neonatal pode ser classificada em duas categorias principais, consoante o início dos sintomas.

Sepsis de início precoce (EOS):

Manifesta-se nas primeiras 72 horas de vida. Em casos extremos, o neonato pode apresentar sintomas durante o parto. Os recém-nascidos com EOS apresentam normalmente dores respiratórias e pneumonia. A fonte da doença é, na sua maioria, o trato genital materno.

Os factores de risco relacionados com um maior perigo de Sépsis de Início Precoce são

- Baixo peso à nascença (2500 gramas) ou rabugice.
- Doenças febris na mãe com comprovação de contaminação bacteriana nas 2 semanas anteriores ao transporte.
- Álcool pútrido ou potencialmente meconial.
- Rutura de camada > 24 horas.
- Um único exame vaginal não limpo ou > 3 exames vaginais limpos no meio do trabalho.
- Trabalhos em atraso.
- Asfixia perinatal

A presença de licor fétido ou de três dos factores de risco acima mencionados justifica o início do tratamento com antibióticos.

Sepsis de início tardio (LOS):
Apresenta-se normalmente após as 72 horas de idade. A fonte de infeção na LOS é nosocomial ou adquirida na comunidade e os recém-nascidos apresentam geralmente septicemia, pneumonia e meningite. Vários factores que predispõem a um risco acrescido de sépsis nosocomial incluem

- Baixo peso à nascença.
- Prematuridade
- Internamento na unidade de cuidados intensivos.
- Ventilação mecânica.
- Procedimentos invasivos
- Administração de uso parentérico.

Os factores que podem aumentar o risco de LOS adquirida na comunidade incluem má higiene, maus cuidados com o cordão umbilical e alimentação a biberão. Em contrapartida, o aleitamento materno ajuda a prevenir a infeção (Agarawal R 2008)

2.4 Epidemiologia:

A ocorrência de sépsis neonatal na base de dados nacional neonatal perinatal (NNPD, 2002-03) é de 30 em

1000 nados-vivos. A base de dados, que contém 18 unidades neonatais de cuidados terciários em toda a Índia, observou que a sépsis é uma das razões mais comuns para a mortalidade neonatal, representando 19% de todas as mortes neonatais[3] . A septicemia foi a classe clínica mais comum, com uma ocorrência de 23 por cada 1000 nados-vivos, enquanto a taxa de meningite foi de 3 por cada 1000 nados-vivos. Entre os nascimentos intramurais, *a Klebsiella pneumoniae* foi o agente patogénico mais frequentemente isolado (32,5%), seguido do *Staphylococcus aureus* (13,6%). Entre os recém-nascidos extramurais (provenientes de instalações de cura em grupo ou diferentes), *a Klebsiella pneumoniae* foi novamente o ser vivo mais comum (27%), seguido pelo *Staphylococcus aureus* (15%) e *Pseudomonas* spp (13%) (Agarawal R 2008).

2.5 A etiologia

Os agentes etiológicos implicados na causa da septicemia neonatal variam de um local para outro ou de um estabelecimento particular para outro e continuam a mudar com o tempo e a utilização de antibióticos (Tonse N K, 1999).

As bactérias, os vírus, os fungos e os parasitas podem causar sépsis. Entre as causas bacterianas de sépsis, observam-se os seguintes padrões relacionados com a idade.

Em doentes com sépsis neonatal de início precoce, *Streptococcus agalactiae, Escherichia coli, Haemophilus influenzae* e *Listeria monocytogenes* são as formas de vida mais frequentes.

Em doentes com sépsis neonatal de início tardio, *Staphylococcus* coagulase-negativo, *Staphylococcus aureus, E.coli, espécies de Klebsiella, Pseudomonas aeruginosa, espécies de Enterobacter*, espécies de *Candida*, *Streptococcus agalactiae*, espécies de *Serratia*, espécies de *Acinetobacter* e diferentes anaeróbios são as bactérias mais geralmente incluídas.

Em muitos bebés de todo o mundo, as causas mais frequentes de sépsis bacteriana são *H influenzae* tipo b (Hib), *Streptococcus pneumoniae, Neisseria meningitidis* e espécies de *Salmonella*. Nos Estados Unidos e no mundo criado, *E coli, S aureus, Spneumoniae* e *N. meningitidis* prevalecem à luz do facto de a inoculação conjugada de Hib ter basicamente dispensado a doença causada por Hib e a imunização pneumocócica conjugada ter diminuído completamente a ocorrência dessa doença (Greenhow TL, 2012). Em áreas onde a malária ocorre, *o Plasmodium falciparum* é uma razão incessante para a SIRS nas fases iniciais.

Patógenos semelhantes que causam sepse no início também a causam na adolescência, apesar do fato de que a proximidade de seres vivos exemplificados em geral acaba sendo menos contínua à medida que a reação segura de um jovem aos antígenos polissacarídicos aumenta com a idade.

2.6 FACTORES DE RISCO (Shankar Santhanan, 2012)

As condições subjacentes predispõem à infeção por determinados agentes patogénicos, tais como os seguintes:

- A SIDA tem tendência para a sépsis causada por diferentes agentes patogénicos normais e bizarros, especialmente *o pneumococo.*
- As crianças com doença da hemoglobina SS têm um risco acrescido de septicemia de 400 vezes devido a *Pneumococcus* e *Salmonella,* entre outros agentes patogénicos.
- A doença coronária congénita é um fator de risco para endocardite e sépsis, e as irregularidades geniturinárias aumentam frequentemente o perigo de urosepsis.
- Os bebés e as crianças com grandes consumos correm o risco de contrair sépsis causada por verduras da pele e bactérias gram-negativas nosocomiais, especificamente
- A rutura ou não comparência esplénica e, adicionalmente, a insuficiência de suplementos, imunoglobulina e properdina, podem levar à septicemia devido a criaturas incorporadas
- Os bebés e crianças com doenças malignas hematológicas e de órgãos fortes (no início ou durante o tratamento) correm um risco acrescido de sepsis provocada por um conjunto significativo de animais
- Os recém-nascidos, os recém-nascidos e as crianças hospitalizadas (especialmente na unidade de emergência) correm um risco acrescido de SIRS
- As pessoas com aparelhos internos ou material protético e diferentes quebras na capacidade de defesa contra a obstrução correm igualmente um risco acrescido de contrair doenças.

Agentes patogénicos microbianos e factores de risco associados à sépsis neonatal. (Manucha V, 2002)

Neonatal sepsis	Microbial pathogens	Risk factors
Early-onset	• Group B streptococci • *Escherichia coli* • *Streptococcus viridans* • Enterococci • *Staphylococcus aureus* • *Pseudomonas aeruginosa* • Other gram-negative bacilli	• Maternal Group B streptococcal colonization • Chorioamnionitis • Premature rupture of membranes • Prolonged rupture of membranes (> 18 h) • Preterm birth (< 37 weeks) • Multiple gestation

Late-onset	• Coagulase-negative Staphylococci • *Staphylococcus aureus* • *Candida albicans* • *Escherichia coli* • *Klebsiella pneumoniae* • Enterococci • *Pseudomonas aeruginosa* • Group B streptococci	• Prematurity • Low birth weight • Prolonged indwelling catheter use • Invasive procedures • Ventilator associated pneumonia • Prolonged antibiotics

2.6 PATOGENESE:

Neonatos

A sepsis neonatorum é utilizada para descrever a reação fundamental à doença nos bebés. Continua a ser a razão significativa de tristeza e mortalidade no bebé (Manucha V, 2002). A infeção nosocomial foi registada em 2-25% dos recém-nascidos.

A criação de vida em desenvolvimento é, na sua maior parte, protegida da vegetação microbiana da mãe. Um sistema que agrava a fiabilidade da substância uterina pode permitir a entrada de um segmento de pele e de seres vivos vaginais no saco amniótico, causando, em qualquer caso, amnionite e doença fetal discricionária.

A colonização introdutória nos recém-nascidos ocorre, regra geral, após o rebentamento das camadas maternas. Em geral, o bebé é colonizado com a microflora da fossa de parto durante o transporte. No caso de o transporte ser adiado, as bactérias vaginais podem elevar a via de parto e, às vezes, criar irritação das camadas fetais, cordão umbilical e placenta. A doença fetal pode surgir devido ao anseio de líquido amniótico contaminado, provocando parto parado, parto inesperado ou sepse neonatal (Camacho-Gonzalez A 2013).

Filhos:

O motivo da sépsis não se limita à infeção bacteriana, apesar de ser o motivo mais reconhecido. A sépsis pode igualmente ser causada por infecções virais, parasitárias e protozoárias. A proteína C-reactiva (citocinas e quimiocinas) assume um papel fundamental na montagem da reação inflamada do organismo para conter e destruir as infecções microbianas (Remington & Klein 7th ed).

As citocinas são mediadores químicos endógenos que transmitem dados entre várias células e são factores vitais na reação incendiária humana. São geridas por uma rede confusa de componentes administrativos, incluindo alguns tipos de células diferentes.[24] Se houver uma ocorrência de infeção, tanto as citocinas ardentes mestras como as atenuantes são reguladas positivamente de acordo com um calendário específico, pelo que, ao concentrar esta regulação positiva nas análises ao sangue, podemos concluir se existe ou não um agravamento fundamental. Este agravamento pode ser causado por sépsis, mas também pode ser ativado por lesões, danos nos tecidos ou mesmo pelo processo de nascimento típico (Hotchkiss RS, 2003), pelo que a capacidade demonstrativa da maioria das citocinas está limitada a uma afetividade decente.

Estas citocinas e quimiocinas são sinais químicos que desencadeiam um curso colossal de ocasiões que alteram a digestão e a capacidade das células. A inflamação aumenta a resistência antimicrobiana; em todo o caso, o agravamento intempestivo provoca um "blow-back" e faz com que órgãos imperativos acabem visivelmente partidos, uma caraterística marcante da sépsis extrema. A sépsis grave é o resultado de uma distorção dos sistemas antimicrobianos comuns de proteção do hospedeiro.

Uma das partes do corpo mais afectadas por este rico agravamento são as veias, que, quando lesionadas, ficam com fugas. Nos pulmões, a inundação do espaço aéreo com líquidos ardentes perturba a troca de oxigénio e dióxido de carbono, provocando uma perturbação respiratória intensa (ARDS), um tipo grave de desilusão respiratória. Um aumento generalizado da coagulação do sangue em pequenas veias perturba adicionalmente a corrente sanguínea típica e contribui para a deceção dos órgãos.

No momento em que a inflamação fundamental extrema começa a diminuir, o corpo se esforça para reparar os órgãos danificados. Por meio de diferentes instrumentos, o corpo restringe as citocinas e quimiocinas provocadoras principais. Nas últimas fases da recuperação, há um procedimento chamado apoptose, ou morte celular personalizada, em que as células incendiárias mordem o pó e são inocuamente eliminadas dos tecidos. Este procedimento também pode ser mal-adaptativo, uma vez que muitos dos instrumentos que impedem o agravamento também podem influenciar a insusceptibilidade contra a contaminação, contribuindo para uma condição conhecida como imunoparalisia, na qual a irritação útil é sufocada e o paciente corre alto risco de desenvolver superdoenças que são regularmente difíceis de tratar (Remington & Klein 7th ed).

2.8 PORTAL DE ENTRADA NO FETO

Transplacentária

A idade neonatal é descrita por um processo sensível de adaptação da vida intra-uterina à vida extra-uterina. Nos recém-nascidos pré-termo, a imunodeficiência é mais grave e tardia, e está relacionada com uma maior frequência de doença e sépsis, e com um maior risco de horror, mortalidade e sequelas neurológicas.

Além disso, devido à juventude do quadro hematológico, a deficiência de ferro, a trombocitopenia ou a neutropenia são, tanto quanto possível, observadas durante a sépsis, especialmente em recém-nascidos de baixo peso. A entrada transplacentária de anticorpos IgG de alta energia (especialmente da subclasse IgG1) da mãe para o embrião durante a vida intra-uterina é provavelmente a mais importante (Ng PC 1997).

Intraparto

Organismos como *Streptococci, Escherichia coli* e outros agentes patogénicos aeróbicos e anaeróbicos residem no canal cérvico-vaginal materno, onde causam colonização durante a passagem pelo canal de parto (Gaetano Chirico 2005).

Pós-parto

A doença pode ocorrer devido ao contacto com o pessoal da creche das instalações médicas, ao equipamento utilizado após o parto e às mãos dos trabalhadores dos serviços médicos (Rao K, Ramji S, 1992).

O Staphylococcus epidermidis, um *Staphylococcus* coagulase-negativo, é progressivamente observado como causa de septicemia nosocomial ou tardia, em particular no bebé prematuro, no qual é visto como a principal fonte de infeção geralmente iniciada. A sua predominância é provavelmente identificada com algumas propriedades inatas da forma de vida que lhe permitem aderir rapidamente aos meios plásticos encontrados nos cateteres intravasculares e nos shunts intraventriculares. O polissacárido do contentor bacteriano fixa-se bem aos polímeros de plástico dos cateteres. Da mesma forma, as proteínas presentes na forma bacteriana (AtlE e SSP-1) melhoram a ligação à superfície do cateter. A aderência cria um contentor entre o microrganismo e o cateter, contrariando o testemunho de C3 e a fagocitose.

Não obstante as variáveis microbianas específicas acima especificadas, vários factores do hospedeiro levam o bebé à sépsis. Estes elementos são particularmente evidentes no recém-nascido prematuro e incluem todos os mecanismos de defesa, incluindo a resistência celular, a insusceptibilidade humoral e o trabalho de impedimento (Ayliffe AJ, 1998).

2.9 IMUNIDADE (Ayliffe AJ, 1998)

Imunidade celular

O neutrófilo neonatal ou célula nuclear polimorfa (PMN), que é essencial para a execução bem sucedida de microrganismos, é insuficiente em quimiotaxia e capacidade de abate. A diminuição da aderência ao revestimento endotelial das veias diminui a sua capacidade de marginação e de saída do espaço intravascular para se deslocarem para os tecidos. Uma vez nos tecidos, podem negligenciar a desgranulação à luz de factores quimiotácticos. Além disso, os PMN neonatais são menos deformáveis; assim sendo, estão menos preparados para se deslocarem através da rede extracelular dos tecidos para chegarem ao local da inflamação e da infeção. A capacidade restrita dos PMN neonatais para fagocitar e matar organismos é adicionalmente debilitada quando o bebé está clinicamente doente. Por fim, as reservas de neutrófilos esgotam-se sem esforço, devido à menor reação da medula óssea, sobretudo no bebé prematuro.

As fixações neonatais de monócitos estão em níveis adultos; em qualquer caso, a quimiotaxia dos macrófagos é impedida e continua a apresentar uma capacidade diminuída no início da juventude. As quantidades supremas de macrófagos estão diminuídas nos pulmões e provavelmente também no fígado e no baço. A ação quimiotáctica e bactericida e a introdução de antigénios por estas células também não são completamente capazes durante o parto. A criação de citocinas pelos macrófagos está diminuída, o que pode estar relacionado com uma diminuição comparativa na geração de células T.

Apesar do facto de as células T serem encontradas em incubação precoce na disseminação fetal e aumentarem em número desde o nascimento até cerca de meio ano de idade, estas células falam a uma população juvenil. Estas células inocentes não se multiplicam tão rapidamente como as células T adultas quando acionadas e não criam de forma viável as citocinas que ajudam na incitação e separação das células B e na expansão dos granulócitos/monócitos. Ocorre um adiamento no desenvolvimento do trabalho de memória específico do antigénio após a doença essencial, e a capacidade citotóxica das células T neonatais é 50-100% tão poderosa como a dos glóbulos brancos adultos. Durante o parto, os recém-nascidos não têm células T de memória. À medida que o neonato é apresentado a estímulos antigénicos, a quantidade destas células T de memória aumenta. As células Natural Killer (NK) encontram-se em pequeno número no sangue periférico dos recém-nascidos. Estas células são também praticamente juvenis, na medida em que libertam níveis muito mais baixos de interferongamma após um estímulo essencial do que as células NK adultas. Esta combinação de descobertas pode aumentar a gravidade das doenças causadas pelo HSV no período neonatal (Ayliffe AJ, 1998).

Invulnerabilidade humoral O recém-nascido tem algumas imunoglobulinas pré-formadas introduzidas, essencialmente adquiridas através de trocas placentárias não específicas da mãe. A maior parte deste movimento ocorre no final do desenvolvimento, de tal forma que os níveis mais baixos são encontrados com uma crescente precipitação. O recém-nascido tem a capacidade de produzir imunoglobulina em reação a estímulos antigénicos; em todo o caso, a extensão da reação é inicialmente reduzida, aumentando rapidamente com o aumento da idade pós-natal. Além disso, o recém-nascido está apto a combinar a imunoglobulina M (IgM) no útero às 10 semanas de crescimento; seja como for, os níveis de IgM são, na sua maioria, baixos durante o parto, a menos que o bebé tenha sido apresentado a um operador irresistível durante a gravidez, o que revigora a expansão da IgM

A produção de imunoglobulina G (IgG) e imunoglobulina E (IgE) pode ser orquestrada no útero. A maior parte da IgG é obtida da mãe durante a incubação tardia. O recém-nascido pode receber imunoglobulina A (IgA) através da amamentação, mas não liberta IgA até 2-5 semanas após o nascimento. A reação ao antigénio polissacárido bacteriano é reduzida e permanece assim durante os primeiros 2 anos de vida. A criação de um suplemento proteico pode ser identificada logo após um mês e meio de incubação; seja como for, o agrupamento dos diferentes segmentos da estrutura do suplemento altera-se amplamente entre os recém-nascidos singulares.

Embora alguns bebés tenham tido níveis de suplemento equivalentes aos dos adultos, as carências têm todas as caraterísticas de serem mais proeminentes na via opcional do que na via óptima. As partes citotóxicas terminais do curso do suplemento que levam à morte de bactérias, particularmente organismos microscópicos gram-negativos, são insuficientes. Esta insuficiência é mais acentuada nos recém-nascidos pré-termo. O desenvolvimento da ação do suplemento só se verifica a partir do momento em que os recém-nascidos atingem a maturidade, entre os 6 e os 10 meses. Os soros neonatais têm uma menor produtividade opsonizante contra os estreptococos do grupo B (GBS), a E. coli e a pneumonia por S. em resultado de níveis reduzidos de fibronectina, uma proteína do soro que contribui para a aderência dos neutrófilos e tem propriedades opsonizantes (Ayliffe AJ, 1998).

Função de barreira

As barreiras físicas e químicas contra a infeção no corpo humano estão presentes no recém-nascido, mas são funcionalmente deficientes. A pele e as membranas mucosas são facilmente rompidas no bebé prematuro. Os recém-nascidos doentes e/ou prematuros estão adicionalmente em risco devido aos procedimentos invasivos que quebram as suas barreiras físicas à infeção. Devido à interdependência da resposta imunitária, estas deficiências individuais dos vários componentes da atividade imunitária no recém-nascido conspiram para criar uma situação perigosa para o recém-nascido exposto a ameaças infecciosas (Ayliffe AJ, 1998).

2.10 PORTAL DE ENTRADA EM CRIANÇAS:

A bacteriemia sugere uma desilusão dos sistemas de defesa do organismo que servem para confinar uma doença ao seu local essencial (Ann L Anderson, 2006 e Goldman N 1993). Os microrganismos podem ser brevemente introduzidos no sangue, por exemplo, através de rupturas nos limites da pele e das mucosas, o que pode eventualmente provocar efeitos secundários. As bacteriémias transitórias são presumivelmente normais e, em condições normais, podem não ter qualquer efeito sobre o bem-estar, uma vez que os microrganismos que fluem são rapidamente inactivados e peneirados pelo fígado e pelo baço.[33] Em todo o caso, em algumas pessoas, a bacteriemia transitória pode permitir que os microrganismos criem uma infeção noutro local do corpo. Diferentes entradas de secção incorporam a infiltração da concentração essencial ou opcional da doença por meio da estrutura linfática para o sistema circulatório e a passagem direta de dispositivos intravasculares poluídos, por exemplo, cateteres ou materiais de união (Leibovici L, 1998).

2.11 CARACTERÍSTICAS CLÍNICAS DA SÉPSIS

As indicações clínicas da sépsis não são específicas e estão relacionadas com as qualidades do ser vivo causador e com a reação do corpo à invasão (Raz R, 2005).

Os sinais clínicos da SRAE manifestam-se normalmente nas primeiras horas de vida, com 90% dos recém-nascidos a apresentarem sintomas às 24 horas (Gorse GJ, 1989).

As idades podem manifestar-se sob a forma de bacteriemia assintomática, septicemia resumida, pneumonia e, adicionalmente, meningite. O sinal introdutório pode incluir apenas efeitos colaterais restritos. O problema respiratório é o quadro de exibição mais amplamente reconhecido.

As diferentes dificuldades da sépsis incluem deceção respiratória, hipertensão aspiratória, deceção cardiovascular, deceção renal, lesão hepática, lesão da medula óssea (neutropenia, trombocitopenia e falcização) e coagulação intravascular dispersa (Gorse GJ, 1989).

Outras caraterísticas clínicas das crianças com sépsis incluem febre, dificuldade em respirar, taquicardia, recusa de apoio, tosse, distensão do estômago, apneia, iterícia, hepatomegalia, esplenomagalia, feridas na pele, por exemplo, erupção cutânea petequial, erupção macular, eritema, lesões vesiculares e esclerema (Gorse GJ, 1989).

Critérios internacionais de infeção bacteriana grave (IMCI) (Daniel T. Robinson 2008)

- Convulsões
- Frequência respiratória > 60 min.
- Peito grave em desenho
- Flaring nasal
- Descarga de pus do ouvido.
- Vermelhidão à volta do umbigo que se estende à pele.

Temperatura > 37,7 graus C ou < 35,5 graus C.

- Letargia ou inconsciência
- Movimentos reduzidos
- Não é capaz de se alimentar
- Cianose

3. AVALIAÇÃO LABORATORIAL DA BACTERAEMIA/SEPTICAEMIA (Gorse GJ, 2008)

3.1 Evidência de infeção

- Cultura de local normal com precaução asséptica (sangue, LCR, outros fluidos corporais).
- Demonstração de microrganismos a partir de tecidos ou fluidos.
- Serologia materna e neonatal para antigénio/anticorpos microbianos.

3.2 Evidência de inflamação

- Marcadores hematológicos: leucocitose/leucopenia, aumento do rácio entre neutrófilos imaturos e totais (I:T), trombocitopenia.
- Reactivos de fase aguda: PCR, VHS.
- Citocinas: IL-6

3.3 Evidência de disfunção de múltiplos órgãos

- Acidose metabólica: pH, PCO2
- Função pulmonar: PO2, PCO2
- Função renal: Azoto ureico no sangue, creatinina sérica
- Lesão/função hepática: bilirrubina, SGOT, SGPT, tempo de protrombina.

MARCADORES HAEMATOLÓGICOS (Schelonkar L, 1995)
Contagem total de leucócitos

- Cerca de um terço de todos os bebés com sépsis têm uma contagem normal de leucócitos.
- A leucocitose é definida como o aumento anormal da contagem de leucócitos.
- A leucocitopenia é definida como uma diminuição anormal da contagem de leucócitos.

Contagem absoluta de neutrófilos (Behrman RE, 2007).

Como a contagem total de leucócitos é um indicador pouco fiável de sépsis, a contagem absoluta de neutrófilos é utilizada como método alternativo. O intervalo normal da contagem de neutrófilos varia com a idade, sendo mais elevado nas 24 horas após o nascimento, pelo que é importante correlacionar a contagem com a idade do gráfico do bebé.

O limite inferior para a contagem normal de neutrófilos totais no recém-nascido começa em 1800/cumm, aumenta para 7200/cumm às 12 horas de idade e depois diminui e persiste em 1800/cumm após as 72 horas de idade. Para bebés de muito baixo peso à nascença, os intervalos de referência estão disponíveis em Segal GB, Halterman JS. "Neutropenia in Pediatric Practice" (Neutropenia na prática pediátrica)

Age group	Normal ANC Range	Normal ANC mean	Normal Neutrophil Percentage
0-12 hrs	6000-26000	11000	61
13hours – 24 hours	5000-21000	11500	61
2days -7days	1500-10000	5500	45
8days -14days	1000-9500	4500	40
15days -1 month	1000-9000	3800	35
>1month – 6month	1000-8500	3800	32
>6 month -1years	1500-8500	3500	31
>1years-2years	1500-8500	3500	33
>2years – 4 years	1500- 8500	3800	42
>4years – 6years	1500-8000	4300	51
>6 years – 8 years	1500-8000	4400	53
>8 years – 10years	1500-8000	4400	54
106 years – 12years	1500-8000	4400	57

Tabela que mostra o intervalo normal de ANC, a média de ANC e a percentagem de neutrófilos.

Rácio I:T:

Os neutrófilos imaturos são neutrófilos não divididos, também designados por formas em banda. Podem ser encontrados no sangue periférico mesmo de bebés prematuros saudáveis. Na sépsis, o número alargado de neutrófilos juvenis entra no fluxo a partir da medula óssea.

Uma vez que o pool de granulócitos da medula óssea se esgota na sépsis neonatal, verifica-se, de vez em quando, uma expansão total da contagem de neutrófilos imaturos em crianças sépticas, sendo esta estimativa, por si só, um indicador inconsistente. Como os leucócitos tendem igualmente a diminuir, a proporção de glóbulos brancos juvenis em relação ao total de glóbulos brancos é mais fiável (Segal GB, 2008).

Plaquetas:

A trombocitopenia pode ser causada por uma endotoxina bacteriana que actua diretamente sobre as plaquetas ou que danifica o endotélio e provoca uma trombose ligeira. Está presente em 50% dos casos de sépsis. A contagem de plaquetas diminui tardiamente na doença e pode também ser observada em bebés nascidos de mães com HPI ou em asfixia de parto. Por conseguinte, tem baixa sensibilidade e especificidade.

Micro ESR:

É uma prova indireta de sépsis e a taxa de aumento depende da gravidade. A VSG é baixa em recém-nascidos normais durante os primeiros dias de vida devido ao hematócrito elevado. Um valor superior a 15 mm/ 1ª hora é considerado positivo

Microscopia de camada de búfalo

Uma vez que o número de organismos presentes na sépsis neonatal pode ser observado nos neutrófilos, estes podem ser obtidos centrifugando um pequeno volume de sangue heparinizado e aspirando a camada de buffy coat imediatamente acima das hemácias. Prepara-se um esfregaço e a lâmina é corada com iodo de Gram, azul de metileno ou laranja de acridina (Armida Farnandez et al 1993).

Proteína C - reactiva:

A PCR foi a principal proteína de fase intensa a ser descrita e é um marcador fundamental de irritação e lesão tecidular incrivelmente sensível. A reação de fase intensa contém as reacções fisiológicas e bioquímicas não específicas das criaturas endotérmicas à maioria dos tipos de danos nos tecidos, doença, agravamento e neoplasia perigosa (Alistar GS, 1980).

A proteína C-recetiva (PCR) é um reagente de fase intensa, que se desenvolve algumas horas após a lesão e é utilizada como marcador para a identificação de contaminação simultânea, dificuldades pós-cirúrgicas e resposta anti-toxina (Bingen E, 2005).

A proteína C-recetiva (PCR) é incorporada pelos hepatócitos e está normalmente presente no plasma em quantidades seguidas. A taxa de combinação aumenta dentro de algumas horas após uma afronta subjacente, por exemplo, danos nos tecidos ou inflamação, com níveis máximos obtidos 48 a 72 horas após o início da inflamação. Um nível elevado de PCR é uma prova inequívoca de um processo dinâmico de danificação dos tecidos, ao mesmo tempo que fornece um teste de rastreio simples para a infeção natural. Pode igualmente encorajar o reconhecimento de doenças entre as actuais em condições como a fundamental.
Lupus eritematoso ou lesão em que a ideia da doença essencial, bem como os impactos do tratamento, podem ocultar a prova clínica e obsessiva típica da infeção (Alistar GS, 1980).

Deteção de antigénios:

Foram desenvolvidos testes rápidos para detetar o antigénio bacteriano para identificar bebés infectados antes de estarem disponíveis resultados de culturas, mas são pouco utilizados porque não são tão sensíveis como as hemoculturas e podem ocorrer resultados falsos positivos. Estão disponíveis sondas de ADN e tecnologia PCR para uma série de agentes bacterianos e virais. Outras técnicas de deteção de antigénios incluem o teste de aglutinação em látex, a contra-imunoeletroforese (CIEP) e o ELISA (Gorse GJ, 6th ed.).

Cultura de sangue

O isolamento de microrganismos a partir de uma ou mais hemoculturas é o padrão de ouro para estabelecer um diagnóstico definitivo de sépsis neonatal. A utilização exclusiva da hemocultura para diagnosticar a infeção neonatal tem várias limitações. A obtenção dos resultados da cultura pode demorar 48 a 72 horas (Pepys, 1983).

- Método convencional
- Sistema BACTEC
- Centrifugação de lise

1. Método convencional:

O diagnóstico da septicemia neonatal baseia-se, em última análise, na hemocultura positiva, que é um padrão de ouro. Uma hemocultura positiva é o melhor guia para a terapia antimicrobiana. No entanto, as taxas de cultura positiva em recém-nascidos variam entre 30% e 45% na literatura indiana e são necessárias, pelo menos, 48-72 horas para se verificar o crescimento. O sucesso do isolamento dos agentes patogénicos bacterianos do sangue depende da quantidade de sangue cultivado, da frequência da cultura e da duração dos antibióticos. (Alma I., 2001, e Hengst JM. 2003)

Meios habitualmente utilizados em hemoculturas:

Ágar sangue, ágar MacConkey, ágar chocolate.

Tempo de resposta para a cultura de sangue:

Normalmente, precisa de ser incubado durante um mínimo de 7 dias, o que é substancialmente o tempo suficiente para gerar o crescimento de qualquer bactéria significativa.

2. Métodos não convencionais:

Sistema Bactec:

Trata-se de sistemas automatizados de hemocultura, do tipo radiométrico e não radiométrico, que medem a produção de dióxido de carbono pelos organismos metabolizadores. As vantagens do sistema Bactec incluem a deteção mais rápida de agentes patogénicos, a capacidade de monitorizar o crescimento sem inspeção visual e o manuseamento automático das amostras (Alma I, 2001).

Centrifugação de lise

Trata-se de um isolador disponível no mercado em que as células sanguíneas são lisadas e centrifugadas. O sedimento é então colocado num meio de ágar sólido, incubado e observado quanto ao crescimento. Os avanços da centrifugação por lise incluem uma maior recuperação de organismos intracelulares devido à lise das células hospedeiras, a capacidade de quantificar as unidades formadoras de colónias (ufc) no sangue e a deteção rápida do crescimento (Alma I, 2001).

TESTE DE SENSIBILIDADE AOS ANTIBIÓTICOS

O teste de sensibilidade aos antibióticos mede a capacidade do antibiótico para inibir o crescimento bacteriano in vitro.

A terapêutica antibiótica racional baseia-se na administração de um agente antibacteriano adequado para o controlo da infeção. A escolha do antibiótico tem de ser feita deliberadamente, tendo em consideração o perfil de suscetibilidade do agente patogénico, a farmacologia do antibiótico, a necessidade da terapêutica antibiótica e a relação custo-eficácia. Com o atual problema do desenvolvimento da resistência aos medicamentos, o teste de suscetibilidade do agente patogénico aos antibióticos é o aspeto mais crucial da terapia clínica.

Indicação para AST:

- Para qualquer organismo infecioso que necessite de quimioterapia antimicrobiana e cuja suscetibilidade não possa ser prevista de forma fiável.
- O organismo causador pertence a uma espécie frequentemente resistente aos medicamentos antimicrobianos habitualmente utilizados.
- Os processos infecciosos são fatais, a menos que o tratamento seja específico, como a meningite, a endocardite infecciosa, etc.
- A erradicação do organismo infecioso requer a utilização de medicamentos rapidamente bactericidas e não apenas bacteriostáticos, como na endocardite infecciosa.
- Tipagem de antibiogramas

O Clinical Laboratory Standard Institute (CLSI) e a OMS recomendaram o método Kirby Bauer para os testes de rotina.

Seleção de antibióticos para testes de rotina

- Os agentes devem ser agrupados em grupos de seis, conforme indicado pela personalidade do ser vivo, por exemplo, Enterobacteriaceae, Pseudomonas spp.
- Numa única placa de 9 cm, podem ser obrigadas a colocar um máximo de seis placas antimicrobianas.
- Apenas um indivíduo do grupo deve ser testado, uma vez que especialistas comparáveis têm susceptibilidades comparativas.
- Os agentes anti-infecciosos de "primeira linha" devem ser experimentados por rotina e os medicamentos de "segunda linha" devem ser guardados para outra altura.
- O teste de primeira linha deve incorporar qualquer antimicrobiano que esteja a ser administrado ao doente, desde que a sua gama seja pertinente para a espécie que está a ser testada.
- A penicilina G é ilustrativa de todas as penicilinas sensíveis à penicilinase ao testar estafilococos
- A meticilina ou oxacilina é representativa de todas as penicilinas e cefalosporinas resistentes à penicilinase quando se testam estafilococos.
- A ampicilina é representativa da amoxicilina e dos ésteres de ampicilina.
- Os discos que contêm combinações de um agente beta-lactâmico e de um inibidor da beta-lactamase devem ser testados (Hengst JM, 2003)

ESTUDOS:

DA ÍNDIA:

DA ÍNDIA:

(Kairavi. J. Desai, 2010)

A septicemia continua a ser um motivo crítico de morbilidade e mortalidade no bebé, sobretudo nos países em vias de criação, devido ao transporte e ao acompanhamento pós-natal numa situação pouco limpa, com maior possibilidade de infeção por bactérias infecciosas. Para além disso, estes recém-nascidos não dispõem dos seus instrumentos de defesa caraterísticos, da sua resistência humoral e celular. O padrão variável e o aumento regular de organismos microscópicos seguros tornam a questão mais problemática. Os objectivos do estudo foram: (1) Conhecer a etiologia da septicemia em recém-nascidos. (2) Distinguir o padrão de suscetibilidade aos antibióticos dos isolados. As análises ao sangue foram colhidas assepticamente de 303 bebés admitidos na UCIN. Os espécimes foram inoculados em caldo de infusão de cérebro-coração e foram efectuadas subculturas. Os isolados foram identificados por testes bioquímicos padrão. A suscetibilidade aos antibióticos foi efectuada pelo método de dispersão em disco Kirby Bauer modificado. Foram separadas 140 (46,20%) bactérias. Estas incluíam *Klebsiella* (66, 47,14%), *Staphylococcus aureus* (35, 25%), estafilococos coagulase negativos (CONS) (5, 3,57%), *E.coli* (15, 10,71%), *Proteus* (5, 3,57%), *Acinetobacter* (3, 2,14%), *Pseudomonas* (6, 4,28%) e *Candida* (5, 3,57%). A maioria dos organismos era resistente aos antibióticos geralmente utilizados. A maior afetividade foi observada pela Cefoperazona/sulbactum (97%) e Piperacilina/tazobactum (98%) para bactérias Gram negativas e Vancomicina (100%) para bactérias Gram positivas. Foram isoladas bactérias de proteção múltipla de septicemia em recém-nascidos. Neste sentido, é necessário um alerta extraordinário na determinação do tratamento antimicrobiano.

(M. N. Shah, 2011)

Atualmente, a septicemia neonatal causa cerca de 1,6 milhões de mortes por ano nos países em desenvolvimento. A sépsis e a meningite são responsáveis pela maior parte das mortes. O exame foi realizado para determinar as apresentações clínicas, os perfis bacteriológicos e os padrões de suscetibilidade aos antibióticos de segregados de hemoculturas de recém-nascidos admitidos numa Unidade de Cuidados Intensivos Neonatais. Todas as hemoculturas (n=460) foram colhidas de recém-nascidos com suspeita de septicemia e foram dissecadas e os seus padrões de sensibilidade aos antibióticos foram examinados. A hemocultura positiva foi de 20,87% (96/460). A maioria (97,1%) das septicemias foi causada por um único ser vivo, enquanto a etiologia polimicrobiana foi observada em 2,9% dos casos. Entre os isolados, prevaleceram as formas de vida Gram-negativas (53/96), enquanto as bactérias Gram-positivas foram encontradas em 43 casos (9 casos entre os quais foram observados como sendo causados por crescimentos *de C. albicans).* A E.coli (n=32) e, posteriormente, o S.aureus (n=25) foram as principais fontes de sepsia neonatal, separadamente. Entre todos os factores de risco maternos e neonatais, descobriu-se que o transporte pré-termo, o BPN e o PROM >24 horas estavam totalmente relacionados com a sépsis nos bebés incluídos na investigação. Uma parte dominante dos bebés com sépsis neonatal apresentou falta de ar (n=54) e recusa de apoio (n=24). A grande maioria das criaturas demonstrou afetividade com os amino-glicosídeos (gentamicina e amicacina), mas eram impermeáveis ao corrosivo nalidíxico e à terceira era de cefalosporinas. Conclui-se que as espécies E.coli, Staphylococcus aureus e Klebsiella continuam a ser os principais seres vivos causadores de sépsis neonatal e que as anti-toxinas de primeira linha, como os aminoglicosídeos, devem ser a principal seleção de medicamentos. A vulgaridade da MDR impulsiona o desenvolvimento de uma versão da sépsis neonatal e, desta forma, a mortalidade e a vigilância aguda dos factores de inclinação com ela relacionados

(Rajlakshmi Viswanathan, 2012)

Apesar do facto de a sépsis ser uma razão notável para a tristeza e a mortalidade entre os bebés em países pobres, há pouca informação acessível a partir dos territórios nacionais sobre a sépsis demonstrada pela cultura. O objetivo é fornecer dados desta forma. Os relatórios do exame incidem sobre a ocorrência e a etiologia dos casos de sépsis neonatal admitidos num consultório de uma região provincial do leste da Índia. A hemocultura foi melhorada em todas as crianças, com suspeita de sépsis clínica, que foram admitidas na unidade de cuidados intensivos debilitada onde o exame foi efectuado. Foi utilizado um quadro normalizado para a recolha de informações clínicas e estatísticas. No total, foram preparadas 216 hemoculturas neonatais, das quais 100 (46,3%) revelaram potenciais agentes patogénicos. As bactérias Gram-negativas foram dominantes (58/100 casos), predominantemente causadas por micróbios Gram-negativos entéricos. *A Klebsiella pneumoniae* foi o segregado Gram-negativo mais reconhecido. Verificou-se o aumento da doença contagiosa, com 40% das infecções causadas por leveduras. Os organismos Gram-negativos apresentaram uma resistência de 100% à ampicilina, à cefotaxima e à gentamicina. A amicacina e o co-trimoxazol indicaram uma proteção de 95% (n=57) e a ciprofloxacina demonstrou uma proteção de 83,3% (n=50) entre os organismos microscópicos

Gram-negativos. O carbapenem indicou uma proteção em desenvolvimento (n=4; 6,6%).

As consequências da investigação dos factores de risco demonstraram uma relação muito grande entre o desenvolvimento e a sépsis e a orientação sexual e a sépsis. Os efeitos secundários gastrointestinais foram profundamente específicos para as contaminações parasitárias. 33% das crianças (n=29), que criaram sépsis com cultura positiva, deram um pontapé no balde. A hemocultura é um exame muitas vezes inacessível na Índia rústica. Por conseguinte, o tratamento antimicrobiano observacional é regularmente utilizado. O presente exame esforçou-se por fornecer informações para confirmar o tratamento antibiótico baseado dado para eliminar os bebés nessas unidades do país. Os resultados propõem que existe uma elevada taxa de resistência aos anti-infecciosos na Índia. Devem ser tomadas medidas urgentes para combater esta proteção.

(Devendra Kumar Tiwari, 2013)

As infecções do sistema circulatório são excecionalmente normais no grupo etário pediátrico. Os doentes com bacteriemia podem ter uma bacteriemia transitória que pode ser eliminada rapidamente e para sempre pelas defesas do hospedeiro do doente sem resultados significativos, ou uma bacteriemia determinada que pode atuar de forma naturalmente restrita sem a melhoria da doença central ou sequelas ou pode avançar para indicações venenosas mortais mais genuínas. O objetivo da investigação foi decompor a informação sobre a bacteriemia em recém-nascidos, com uma referência extraordinária aos casos masculinos e femininos, aos agentes patogénicos incluídos e aos modelos de impotência antimicrobiana. Durante um ano, foram recolhidas análises de 128 recém-nascidos que incluíam todos os bebés e recém-nascidos com febre e associados a sépsis. O sangue foi colhido com base em grupos etários com segurança asséptica e incubado a 37oC durante 10 dias. Foram efectuadas subculturas em placas de ágar sangue e ágar MacConkey. Os seres vivos foram distinguidos e foi efectuado um teste de suscetibilidade aos antibióticos dos confins. Dos 128 casos presumidos, 32 (25%) tiveram cultura positiva. A proporção entre homens e mulheres é de 1,28:1,0. A espécie *Klebsiella* (43,75%) foi a bactéria isolada mais reconhecida, seguida da *Staphylococcus aureus* (18,75%). A predominância de bactérias gram-negativas foi de 71,87%. A maior parte dos organismos gram-negativos demonstrou uma resistência extrema à ampicilina e as bactérias gram-positivas à penicilina. Neste exame, três bactérias gram-negativas eram produtoras de betalactamases de gama alargada (ESBLs) e uma *Pseudomonas aeruginosa* era produtora de metalo-beta-lactamase (MBL). 33,33% dos *Staphylococcus* aureus eram estirpes de *Staphylococcus aureus* resistentes à meticilina (MRSA).

(D. E. Premalatha, 2014)

A septicemia neonatal é uma doença clínica de bacteriemia descrita por sinais e sintomas fundamentais no primeiro mês de vida. A deteção precoce e a administração legítima da septicemia neonatal podem reduzir generosamente a gravidade e a mortalidade. Os objectivos da investigação foram: 1) isolar e distinguir os especialistas etiológicos bacterianos responsáveis pela sépsis neonatal. 2) Investigar os agentes patogénicos bacterianos predominantes na sépsis neonatal de início precoce (EOS) e na sépsis neonatal de início tardio (LOS). 3) Conhecer os elementos de risco relacionados com a sépsis neonatal. 4) Decidir o exemplo de vulnerabilidade dos segregados aos especialistas antimicrobianos geralmente utilizados no tratamento da sépsis. Os relatórios de hemoculturas foram examinados em 306 casos de septicemia clinicamente presumida em recém-nascidos, utilizando o método padrão de Mackie e McCartney. A suscetibilidade aos antibióticos foi efectuada pelo método de difusão em disco de Kirby Bauer. Os agentes infecciosos para a sépsis nos recém-nascidos e nas mães foram identificados. As hemoculturas foram positivas em 82,35% dos casos. Trinta e três bebés (79%) tiveram sépsis de início precoce e 9 (21%) tiveram sépsis de início tardio. *A Klebsiella pneumoniae* e o SNC foram as formas de vida mais comuns que causaram sépsis neonatal tanto no EOS como no LOS. A irritabilidade, o lbw e o distúrbio de dor respiratória estavam firmemente relacionados com a sépsis neonatal demonstrada pela cultura de sangue. Os factores de risco maternos reconhecidos foram o trabalho pré-termo, o PROM e a febre intraparto. A gama de seres vivos que causam a sépsis neonatal muda ao fim de algum tempo e varia de zona para zona. Esses seres vivos também criaram uma proteção multi-sedada em expansão no decorrer das duas décadas mais recentes. Subsequentemente, a informação sobre o exemplo de descolamentos bacterianos e o seu desenho de vulnerabilidade antimicrobiana é valiosa para o tratamento dos doentes.

(Vrishali Avibnash Mulley, 2015)

A septicemia neonatal é uma razão imperativa de desânimo e mortalidade. A investigação procurou determinar o perfil bacteriológico e os padrões de suscetibilidade antimicrobiana de agentes patogénicos invasores segregados do sangue de recém-nascidos septicémicos da Unidade de Cuidados Intensivos Neonatais (UCIN). Um total de 180 análises sanguíneas de recém-nascidos com septicemia foram consideradas bacteriológicas. O teste de suscetibilidade antimicrobiana foi efectuado pela técnica de difusão em disco de Kirby Bauer, de acordo com as regras do Clinical Laboratory Standards Institutes (CLSI). 26,6% (48 em 180) dos casos de septicemia puderam ser confirmados por hemocultura. Destes, 66,7% eram casos de septicemia de início precoce (EOS) e 33,3% de septicemia de início recente (LOS). *A Klebsiella pneumoniae* foi o agente patogénico prevalente (35,4%) entre os agentes patogénicos Gram-negativos e o *Staphylococcus aureus* (22,9%) foi o agente patogénico Gram-positivo predominante. 28% dos destacamentos *de K. pneumoniae* e *E. coli* eram produtores de beta-lactamases de gama alargada (ESBL). 18,1% dos *Staphylococcus* separados eram *S. aureus* seguros para a meticilina (MRSA). A conceção de proteção multimedicamentosa foi observada em todas as separações. A ciprofloxacina e o aminoglicosídeo foram os melhores medicamentos contra segregados Gram-positivos e Gram-negativos. Esta investigação apresenta a prevalência de seres vivos Gram-negativos na causa da sépsis neonatal e no desenvolvimento de um cofre multissectorial.

(S Thakur, 2016)

Não existe uma grande distribuição de escritos sobre a septicemia neonatal na região sub-himalaiana do Norte da Índia. A partir de então, ele abraçou esta investigação para descobrir o perfil bacteriológico e o padrão de sensibilidade aos antibióticos da septicemia neonatal na Unidade de Cuidados Intensivos Neonatais. Foram efectuadas hemoculturas para todos os casos de septicemia neonatal clinicamente especulados durante um ano. A prova reconhecível de todas as separações patogénicas foi seguida de testes de afetação anti-infecciosa. A cultura de sangue de 450 recém-nascidos e 42% eram positivos. A septicemia de início precoce foi de 92 (49%) e 96 (51%) foram septicemia de início tardio. Os isolados Gram-positivos eram 60% e 40% eram Gram-negativos. *Staphylococcus aureus* (40%), espécies de *Staphylococcus* coagulase negativo (16%), o grupo de bactérias não fermentadoras (ONG) (15%) e *Klebsiella pneumoniae* (10%) foram os isolados fundamentais. A cânula nasal 101 (54%), a asfixia de parto 91 (48%) e a irritabilidade 73 (38%) foram os factores de risco notórios relacionados com a septicemia. Os seres vivos Gram-positivos eram muito impermeáveis à penicilina (87%), embora os Gram-negativos indicassem uma elevada proteção contra as cefalosporinas de terceira idade (53- 89%) e os aminoglicosídeos (50- 67%). Os segregados de S. aureus eram resistentes à meticilina em 41%, enquanto que a geração de beta-lactamases de gama alargada foi observada em 48% dos Gram-negativos. O nosso exame apresenta o desenvolvimento atual de seres vivos Gram-positivos como a razão prevalecente para a septicemia neonatal nesta parte do local Sub-Himalayan, juntamente com a pesquisa de escrita que demonstra resultados comparáveis do Norte da Índia e do resto do mundo também. Apesar do fato de que os organismos microscópicos Gram-negativos ainda permanecem o motor fundamental da mortalidade na septicemia neonatal, precisamos dissipar a ideia normal entre os especialistas de que eles são os destacamentos prevalentes na septicemia neonatal.

De fora da Índia

(Rabia Shams, 2010).

O objetivo deste estudo era reconhecer as bactérias causadoras de septicemia neonatal e a sua sensibilidade aos antibióticos na Unidade de Cuidados Intensivos Neonatais (UCIN), Instituto de Ciências Médicas do Paquistão (PIMS), Islamabad; tendo em mente o objetivo final de criar regras experimentais para os agentes anti-infecciosos e, além disso, descobrir o ser vivo predominante mais amplamente reconhecido na nossa investigação. Configuração do estudo: Investigação longitudinal transversal Local e duração do estudo: O período de tempo do exame estende-se de janeiro de 2005 a junho de 2005 na UCIN, PIMS e Islamabad. Pacientes e métodos: As hemoculturas de 300 recém-nascidos (com idades compreendidas entre os 0 e os 28 dias) com sinais clínicos e efeitos secundários de sépsis foram recolhidas na altura da admissão na UCIN, no PIMS e em Islamabad. As hemoculturas foram efectuadas antes de qualquer tratamento anti-infecioso. Os relatórios das hemoculturas foram investigados quanto à desconexão bacteriana e à sua eficácia antimicrobiana através de estratégias normalizadas. Entre trezentos casos, a proporção de homens e mulheres era de 2:1. A idade gestacional era inferior a 36 semanas em 74 (24%). Destes 300 casos, 120 casos (40%) apresentavam sociedades sanguíneas positivas. Destes, 120 sociedades sanguíneas positivas, Enterobacter foi observada como a forma de vida mais comum (90,8% n=109), *Staphylococcus aureus* foi 4,2% (n=5), *Serratia* foi 3,4% (n=4). A proteção contra Cefotaxima, Ceftazidima, Ceftriaxona, Cefiprome e Amicacina foi de 37% a 60% e a proteção contra Ciprofloxacina foi de 10%, enquanto a proteção contra Imipenem foi de 3% a 8% nesta investigação. 80% das hemoculturas foram positivas para Enterobacter em bebés concebidos em unidades de cuidados de saúde, enquanto *Staphylococcus aureus* foi predominantemente positivo em bebés transportados para casa. Verificou-se uma resistência de 100% aos anti-in idade de primeira linha e a melhor afetação surgiu com os sedativos mais actuais, como o imipenem. Desta forma, o reconhecimento microbiológico consistente das UCIN é de extrema importância para estar lado a lado com o exemplo mutável de agentes patogénicos e seus susceptíveis.

(Shrestha NJ1,2011).

A sépsis neonatal é uma razão notável para a mortalidade e a tristeza do bebé. Há muitos componentes que contribuem para a sépsis neonatal. Os seres responsáveis pelo início precoce e pelo início tardio da sépsis são extraordinários. Este exame foi efectuado com o objetivo de identificar os seres vivos responsáveis pela septicemia neonatal de início precoce e de início tardio. Foram isoladas bactérias em 6,1% das análises sanguíneas recolhidas. A proporção de homens e mulheres com sépsis demonstrada por cultura foi de 1,9:1. Observou-se que *a Escherichia coli* era a criatura mais conhecida tanto na sépsis de início precoce como na de início tardio. *O Staphylococcus aureus* era mais típico na sépsis de início tardio do que na sépsis de início precoce. *A Escherichia coli* foi a forma de vida mais reconhecida tanto na sépsis de início precoce como na de início tardio. *O Staphylococcal aureus* foi essencialmente mais típico na sépsis de início tardio do que na sépsis de início precoce.

(Amare Gebrehiwot, 2012).

O objetivo do exame era determinar o perfil bacteriano e descrever os padrões de suscetibilidade à medicação da sépsis neonatal em doentes atendidos na unidade neonatal do Hospital Universitário de Gondar, Gondar, Noroeste da Etiópia. O sangue venoso foi colhido assepticamente e inoculado em meio de cultura de sangue de soja Trypton durante 2-14 dias, verificando vigorosamente o desenvolvimento de organismos microscópicos de 3 em 3 dias. Os isolados bacterianos foram identificados utilizando técnicas padrão e o teste de sensibilidade antibacteriana foi efectuado através de métodos de difusão em disco de ágar. Um total de 181 recém-nascidos (99 do sexo masculino e 82 do sexo feminino) foram incluídos no exame. Destes, 58 indicaram uma hemocultura positiva para micróbios, com uma taxa de infeção de 32,1%. O confinamento bacteriano mais reconhecido foi o *Staphylococcus aureus* (29,3%), seguido da *Klebsiella pneumoniae* (17,2%), *Escherichia coli* (10,3%), gram-negativos não fermentadores de lactose (10,3%), *K. pneumoniae* (8,6%) e estafilococos coagulase-negativos (6,8%). *O Staphylococcus aureus* indicou um estado anormal de proteção medicamentosa para medicamentos antibióticos (16, 94,1%), ampicilina (14, 82,4%), amoxicilina (14, 82,4%), cloranfenicol (4, 82,4%), trimetoprimissulfametoxazol (14, 82,4%) e ceftriaxona (13, 76,4%). Entre os destacamentos agregados de S. aureus, observou-se que 41,2% deles eram seguros para a meticilina (MRSA). *A Klebsiella ozaenae* demonstrou o estado muito anormal de proteção contra a amoxicilina (10, 100%), o cloranfenicol (10, 100%), a ampicilina (9, 90%) e a medicação antibiótica (7, 70%). A resistência a vários medicamentos foi observada em 85,7% dos gram-positivos e 92,1% dos gram-negativos. Existe uma taxa extremamente elevada de resistência das bactérias separadas a vários agentes anti-infecciosos habitualmente aprovados. O perfil bacteriano que propõe a melhor seleção de antibióticos é imperativo para os médicos quando o tratamento dos recém-nascidos sépticos tem de ser iniciado antes de se conhecer o efeito secundário da hemocultura.

(P. Jyothi, 2013).
A septicemia em recém-nascidos refere-se a uma infeção bacteriana resumida arquivada por uma hemocultura positiva no primeiro mês de vida e é uma das quatro principais razões para a mortalidade e a tristeza neonatais na Índia. Os objectivos do estudo consistiam em isolar e identificar os agentes etiológicos bacterianos responsáveis pela sépsis neonatal e decidir o exemplo de indefensabilidade das desvinculações numa unidade de cuidados terciários no Norte de Karnataka. Foram colhidas e preparadas seiscentas e oitenta e três análises sanguíneas de doentes, de acordo com as convenções padrão. O teste de sensibilidade aos antibióticos foi efectuado através de uma estratégia de disseminação circular, conforme indicado pelas recomendações do National Committee for Clinical Laboratory Standards (NCCLS). Os relatórios de hemoculturas foram positivos em 19,2% dos casos. Entre os casos positivos do modo de vida, 65,5% eram do sexo masculino e 34,5% do sexo feminino. A sépsis de início precoce estava disponível em 74,8% e a sépsis de início tardio foi observada em 25,2% dos casos. A melhor afetação geral entre os Gram-negativos foi para o imipenem (93%), seguido da amicacina (52%) e da netilmicina (41%). Os segregados Gram-positivos tiveram uma afetação de 91% à linezolida, 68% à medicação antibiótica, 64% à piperacilina/tazobactam eritromicina e 52% à ciprofloxacina.As formas de vida Gram-negativas *(Klebsiella, Acinetobacter),* os estafilococos coagulase-negativos e *o Staphylococcus aureus* são a principal fonte de sépsis neonatal nesta investigação e a grande maioria deles é impermeável a numerosos anti-microbianos. Assim, as consequências deste exame recomendam que a observação da proteção antimicrobiana no nosso centro de tratamento é essencial.

(Shrestha S, 2014).

A sépsis neonatal é uma das principais causas de desolação e de mortalidade dos recém-nascidos no cenário da criação. Para decidir os confinamentos bacterianos regulares que causam a sépsis na unidade de emergência neonatal, o seu teste antibiótico. Foi levada a cabo uma investigação clara e iminente durante um ano na unidade de emergência neonatal para quebrar os efeitos secundários da hemocultura e investigar a afetação dos agentes anti-infecciosos habitualmente utilizados. O rendimento da hemocultura pela técnica tradicional foi de 44,13%, com a sépsis nosocomial a representar 10,79%. 84,08% das hemoculturas revelaram uma sépsis de início precoce e 15,95% uma sépsis de início tardio. A infeção por Klebsiella foi o ser vivo mais comum segregado em sépsis precoce, tardia e nosocomial, mas não foi digno de nota. Os seres vivos Gram-positivos representavam 39,36%, sendo o *Staphylococcus aureus* o principal microrganismo, seguido do *Staphylococcus aureus* coagulase-negativo. Os seres vivos Gram-negativos representavam 60,64%, entre os quais *a Klebsiella* era o mais frequente, seguida da *Pseudomonas.* A forma de vida mais reconhecida, *a Klebsiella*, tinha 87,5% e 78,3% de proteção contra a ampicilina e a gentamicina individualmente. Entre os isolados gram-negativos, 87,5% e 77,2% eram impermeáveis à ampicilina e à gentamicina individualmente. Entre os segregados gram-positivos, observou-se uma proteção de 58,5% e 31,5% à ampicilina e à gentamicina separadamente. A proteção da cefotaxima para os isolados gram-negativos e gram-positivos foi de 87,34% e 59,35%, separadamente. *A Klebsiella* é a criatura mais reconhecida que praticamente protege contra os agentes anti-infecciosos de primeira linha. A proteção contra isolados gram-negativos e gram-positivos entre os antimicrobianos de primeira linha e mesmo com a cefotaxima está a desenvolver-se e é uma preocupação notável na unidade de emergência neonatal.

(Eman M. Rabie Shehab El-Din, 2015).

A investigação lógica que se segue foi efectuada nas UCIN de três sistemas neonatais egípcios. Membros em Mansoura. Centros de cura no Egito durante um ano e meio, de março de 2011 a agosto de 2012. Utilizando o período de libertação de 28 dias da EGNN, foram registadas e examinadas todas as informações estatísticas, clínicas e das instalações de investigação. Durante o período de investigação, foi determinado que 357 neonatos tinham sépsis associada, com uma ocorrência de 45,9% (357/778) entre os neonatos admitidos nas três unidades de cuidados intensivos neonatais. Foram incluídos no exame 344 neonatos (proporção de sexo = 1,3:1), dos quais 152 (44,2%) foram denominados sepse de início precoce EOS (<72 horas) e 192 (55,8%) sepse de início tardio LOS (>72 horas). Entre os casos de LOS, 33,9% (65/192) foram causados por doenças nosocomiais. Em 40,7% (140/344), a sepse foi confirmada por hemocultura positiva. A taxa de mortalidade agregada para a sépsis neonatal demonstrada foi de 51% (25/49) e 42,9% (39/91) para EOS e LOS, separadamente. Os estafilococos coagulase negativos foram os separadores transcendentes tanto no EOS como no LOS, seguidos pela *Klebsiella pneumoniae.* A grande maioria das desvinculações bacterianas teve baixa afetividade aos agentes anti-infecciosos empíricos habitualmente utilizados. Seja como for, 70,1% (89/127) apresentaram proteção multidroga. As melhores sensibilidades entre os confins Gram-positivos foram encontradas contra o imipenem, a ciprofloxacina, a vancomicina e a amicacina.

FINALIDADE E OBJECTIVOS:

- Para descobrir a incidência de hemocultura positiva em casos suspeitos de septicemia neonatal.
- Correlacionar as amostras de hemoculturas positivas com a septicemia de início precoce e a septicemia de início tardio
- Correlacionar a cultura de sangue positiva com o género dos doentes.
- Correlacionar a hemocultura positiva com o intervalo da contagem absoluta de neutrófilos, a ANC média e a percentagem média de neutrófilos.
- Correlacionar a cultura de sangue positiva com a PCR.
- Determinar a percentagem de diferentes agentes patogénicos isolados na cultura de sangue.
- Descobrir o padrão de sensibilidade aos antibióticos dos organismos isolados.

MATERIAL E MÉTODOS:

PERÍODO DE ESTUDO: setembro de 2016 a agosto de 2017.

LOCAL DE ESTUDO: Instituto Mayo de Ciências Médicas e Hospital, Barabanki, UP, ÍNDIA

ESPÉCIME:

280 amostras de sangue recebidas no laboratório de microbiologia foram processadas para hemocultura e sensibilidade aos antibióticos. Para a PCR, foi colhida uma amostra sem anticoagulante e uma amostra com EDTA para a contagem completa de células sanguíneas.

TAMANHO DA AMOSTRA: 280 amostras de sangue de pacientes com suspeita de septicemia neonatal.

Critérios de inclusão:

De acordo com os critérios da Gestão Integrada das Doenças da Infância (IMCI) e da OMS, os recém-nascidos examinam a recolha de todos os recém-nascidos que se contorcem, frequência respiratória> 60 respirações / min, indigestão grave do tórax, alargamento nasal, respiração ofegante, inchaço da fontanela, vermelhidão à volta do umbigo que atinge a pele, temperatura> 37.7°C ou <35,5°C, torpor ou obviedade, desenvolvimento diminuído, não estar pronto para se alimentar, não mamar de forma alguma, crepitações, cianose, tempo de enchimento estreito computorizado diminuído (>3 segundos) foram incorporados no exame.

Critérios de exclusão:

Foram excluídos do exame os recém-nascidos que tinham sido submetidos a uma intervenção cirúrgica devido ao risco de infeção da ferida, a anomalias congénitas, a um peso de nascimento inferior a 1000 g e a uma idade superior a 28 dias no momento da determinação.

4.1 MÉTODOS:

Colheita de amostras para cultura de sangue, PCR e ANC:

Tomando todas as precauções assépticas, foram colhidos 5 ml de sangue por punção venosa e inoculados no frasco contendo 20 ml de caldo BHI. Em seguida, incubou-se a 37°C durante 7 dias, com observação diária da turvação e das bolhas de gás.

Foram colhidos 2 ml de sangue num tubo de ensaio simples e estéril e o soro foi separado para a análise da PCR.

Foram colhidos 2 ml de amostra de sangue num tubo com EDTA para a contagem completa de células sanguíneas.

A. Cultura de sangue:

Processamento da amostra:

O frasco de hemocultura foi sujeito a subcultura em ágar-sangue e ágar MacConkey após 24 horas, 3 dias e 7 dias. O frasco de cultura de sangue foi incubado durante 7 dias antes de ser considerado negativo.

Caraterísticas da colónia:

- Os caracteres das colónias foram registados em relação à cor, tamanho em mm, forma (redonda/ circular), convexa ou plana, húmida ou seca, superfície (lisa ou rugosa). Produção de pigmento, se existente, Tipo de hemólise (alfa, beta e gama) em placa de ágar-sangue.
- Na placa de ágar MacConkey, foram registadas as colónias fermentadoras de lactose e não fermentadoras de lactose.
- Foram preparados esfregaços de colónias em placas de cultura coradas pelo método de Gram e a morfologia dos organismos foi anotada

B. Coloração de Gram: (método de Hacker modificado) (Shrestha NJ, 2011**).**

Procedimento

- O esfregaço foi feito numa lâmina de vidro, seco ao ar e depois fixado pelo calor.
- Cobriu-se o esfregaço com violeta de cristal (corante básico) e deixou-se repousar durante 1 minuto.
- O esfregaço foi lavado suavemente com água da torneira.
- Cobriu-se o esfregaço com iodo de Gram (mordente) e deixou-se repousar durante 1 minuto.
- O esfregaço foi novamente lavado suavemente com água da torneira.
- O esfregaço foi descolorado com acetona a 95% durante 1-2 segundos.
- O esfregaço foi novamente lavado suavemente com água da torneira.
- O esfregaço foi coberto com Safranina (contracoloração) durante 30 segundos a 1 minuto.
- O esfregaço foi novamente lavado suavemente com água da torneira e seco
- A observação foi registada no livro de notas.

Os esfregaços foram examinados quanto à presença de bactérias Gram positivas e Gram negativas, com pormenores sobre o seu tamanho, forma e disposição.

C. IDENTIFICAÇÃO:

a. Teste da catalase: Este teste distingue os organismos *Staphylococcus*, que são catalase positivos, das espécies de *Streptococcus*, que são catalase negativos.

Princípio: A catalase é uma enzima que converte o peróxido de hidrogénio em água e oxigénio nascente. A presença de catalase pode ser facilmente detectada pelo método da lâmina.

Procedimento: Colocou-se uma gota de peróxido de hidrogénio a 3% na lâmina e as bactérias foram emulsionadas na mesma.

Interpretação:

Teste positivo: Presença de bolhas.

Teste negativo: Não há formação de bolhas.

b. Teste de coagulase para estafilococos - dois tipos:

Teste de coagulase em lâmina:

O teste da coagulase em lâmina detecta a coagulase ligada. Uma lâmina de vidro limpa foi dividida em 2 partes com um lápis marcador e etiquetada como área de controlo e área de teste. Foram colocadas 2 gotas de soro fisiológico na lâmina de vidro e algumas colónias de bactérias foram emulsionadas na mesma. Em seguida, adicionou-se 1 gota de plasma de coelho à emulsão de teste e misturou-se com ela. Observou-se a aglutinação no espaço de 1 minuto.

Teste de coagulase em tubo:

O teste da coagulase em tubo detecta a coagulase livre extracelular. Cerca de 0,1 ml de uma cultura em caldo jovem ou de uma suspensão de cultura em ágar do isolado foram adicionados a cerca de 0,5 ml de plasma humano ou de coelho num tubo de ensaio estreito. O EDTA, o oxalato ou a heparina podem ser utilizados como anticoagulantes para preparar o plasma. O citrato não foi recomendado porque pode ser utilizado por algumas bactérias contaminantes, provocando resultados falsos positivos. Foram também estabelecidos controlos positivos e negativos. Os tubos foram incubados num banho de água a 37°C durante 3 a 6 horas. No teste positivo, o plasma coagulou e não fluiu quando o tubo foi inclinado. Não foi recomendada uma incubação contínua, uma vez que o coágulo poderia ser lisado pelo fibrinogénio formado por algumas estirpes.

c. Teste de fermentação do manitol

Princípio: O teste de fermentação do manitol é utilizado como teste de confirmação para a estirpe *Staphylococcus aureus*. Um meio incorporado com uma concentração de 7,5% de cloreto de sódio resulta na inibição parcial ou total de organismos bacterianos que não os estafilococos. A fermentação do manitol, indicada por uma alteração do indicador vermelho de fenol, que diferencia *Staphylococcus aureus* de outros *estafilococos.*

Procedimento: A suspensão bacteriana foi recolhida com a ajuda de um fio reto e espetada num meio de ágar de sal de manitol semissólido e incubada durante uma noite ou 24 horas a 37°C.

Interpretação:

Ensaio positivo: a cor do meio passa de vermelho a amarelo

Teste negativo: sem alteração da cor

d. Teste de fosfatase

O ágar fosfato de fenolftaleína é utilizado para a identificação de colónias positivas para fosfatase de *Staphylococcus aureus.*

Princípio - A produção de fosfatase é determinada pela libertação de fenolftaleína livre, que é indicada por uma mudança na cor do ágar. Quando uma cultura deste tipo é exposta a vapores de amoníaco, a fenolftaleína libertada dá uma cor vermelho-rosa brilhante. A digestão péptica de tecido animal e o extrato de carne de bovino fornecem os compostos azotados e os factores de crescimento para o crescimento de *Staphylococcus aureus.* O fosfato de sódio da fenolftaleína serve de substrato para a enzima fosfatase.

Procedimento

- A amostra foi inoculada pontualmente no meio de fosfatase.
- As placas foram incubadas a 370C durante 18 a 24 horas.
- Após a incubação, a cultura foi exposta a vapores de amoníaco.
- Nos casos positivos, observou-se uma alteração da cor para rosa

Interpretação:

Teste positivo - Alteração da cor para rosa

Teste negativo - Sem alteração da cor

e. Teste da desoxirribonuclease (teste da DNase):

Princípio: É utilizado para a deteção da atividade de desoxirribonuclease de *S.aureus. O S.aureus* produz a enzima desoxirribonuclease que hidrolisa o ADN.

Procedimento:

- A placa de ágar DNAase preparada foi dividida em quatro secções diferentes.
- A colónia a ser testada foi inoculada em secções divididas.
- As culturas DNase positivas e negativas conhecidas são também incluídas como controlos.
- As placas foram incubadas durante 18 - 24 horas a 370C.
- Após a incubação, as placas foram inundadas com ácido clorídrico a 3% para precipitar o ADN não hidrolisado.
- Depois de repousar durante alguns minutos, as placas foram examinadas contra um fundo escuro.
- O ADN não hidrolisado foi precipitado por zonas claras e não turvas em torno das culturas pontuais.

Interpretação:

Teste positivo: Zona clara à volta das colónias.

Teste negativo: Ausência de zona à volta das colónias

f. Testes para *Streptococcus pyogenes*

Um método conveniente para a identificação de *Streptococcus pyogenes* baseia-se na observação de Maxted de que são mais sensíveis à bacitracina do que outros estreptococos. Um disco de papel de filtro mergulhado numa solução de bacitracina (1 unidade/ml) foi aplicado na superfície de um ágar sangue de carneiro inoculado. Após incubação durante a noite, observou-se uma ampla zona de inibição com *Streptococcus pyogenes*, mas não com outros estreptococos.

g. Testes para espécies de Enterococcus

Teste de ágar esculina biliar:

Princípio:

O teste da bílis-esculina baseia-se na capacidade de certas bactérias, nomeadamente os estreptococos do grupo

D e as espécies de *Enterococcus*, para hidrolisar a esculina na presença de bílis (4% de sais biliares ou 40% de bílis). A esculina é um derivado glicosídico da cumarina. A esculina é incorporada num meio que contém 4% de sais biliares. As bactérias que são esculina biliar positiva são, em primeiro lugar, capazes de crescer na presença de sais biliares. A hidrólise da esculina no meio resulta na formação de glucose e de um composto chamado Aesculetina. A Aesculetina, por sua vez, reage com iões férricos (fornecidos pelo componente inorgânico do meio, o citrato férrico) para formar um complexo negro difusível.

Procedimento:

- Com um fio ou uma ansa de inoculação, foram colhidas duas ou três colónias de estreptococos morfologicamente semelhantes e inoculadas na parte inferior do meio de esculina biliar com um movimento em forma de "S".
- Incubar o tubo a 35°C durante 24 - 48 horas numa incubadora de ar ambiente.

Interpretação:

Teste positivo: O escurecimento difuso de mais de metade da lâmina no espaço de 24 a 48 horas indica hidrólise da esculina.

Teste negativo: Sem alteração da cor do meio.

a. Teste da oxidase:

Princípio: Determinar a presença de uma enzima citocromo oxidase que catalisa a oxidação do citocromo reduzido pelo oxigénio molecular.

Procedimento:

Foi utilizada uma solução recentemente preparada de dicloridrato de tetra-metil-parafenileno diamina a 1% (reagente de oxidase). Existem diferentes métodos para efetuar este teste. Um disco de oxidase (da Himedia) foi untado com o organismo a testar.

Numa reação positiva da oxidase, a área manchada tornou-se roxa profunda em 10 segundos. O controlo positivo da oxidase (espécie *Pseudomonas*) foi sempre incluído para verificar o funcionamento da tira de oxidase.

Interpretação:

Positivo - Púrpura profundo em 10 segundos.

Negativo - Sem alteração da cor.

b. Ensaio do indole

Princípio:

Determinar a capacidade de um organismo para decompor o aminoácido triptofano em indol. O triptofano é decomposto por uma enzima triptofanase produzida por certas bactérias.

Procedimento:

A produção de indol foi detectada inoculando a bactéria testada em água peptonada (rica em triptofano) e incubando-a a 37°C durante 48 - 96 horas. Adicionou-se 0,5 ml de reagente de Kovac ao crescimento bacteriano e agitou-se suavemente.

Interpretação:

Positivo - Um anel de cor vermelha perto da superfície do meio,

Negativo - Anel de cor amarela junto à superfície do meio.

c. Teste do vermelho de metilo (MR)

Princípio:

Este teste detecta a produção de ácido suficiente durante a fermentação da glucose por bactérias e a manutenção sustentada de um pH inferior a 4,5.

Procedimento:

O organismo de teste foi inoculado em caldo de fosfato de glucose e incubado a 37°C durante 2 a 5 dias. Em seguida, adicionaram-se 5 gotas de uma solução de vermelho de metilo a 0,04%, misturaram-se bem e leram-se imediatamente os resultados.

Interpretação:

Positivo - Cor vermelha,

Negativo - Cor amarela.

d. Teste Voges - Proskauer (VP)

Princípio: O teste depende da produção de acetilmetilcarbinol (acetoína) a partir do ácido pirúvico no meio. Na presença de álcalis e de oxigénio atmosférico, a acetoína é oxidada a diacetilo, que reage com o alfa-naftol para dar cor vermelha.

Procedimento:

O organismo de teste foi inoculado em caldo de fosfato de glucose e incubado a 37°C durante 48 horas.
Em seguida, adicionou-se 1 ml de KOH a 40% e 3 ml de uma solução a 5% de a-naftol em álcool absoluto.

Interpretação:

Positivo - Cor-de-rosa em 2-5 minutos

Negativo - Incolor durante 30 minutos.

e. Teste do citrato

Princípio: É a capacidade de um organismo utilizar o citrato como única fonte de carbono para o seu crescimento, com a consequente alcalinidade.

Procedimento:

Foi utilizado um meio sólido (de Simmon). Uma colónia bacteriana foi colhida com um fio reto e inoculada no meio de citrato de Simmon e incubada a 37°C durante uma noite.

Interpretação:

Positivo - Cor azul intensa

Negativo - Sem alteração da cor (cor verde).

f. Teste em ágar ferro com três açúcares (TSI) (Mackie & McCartney,2006, pp 113)

Princípio: Determinar a capacidade de um organismo para atacar hidratos de carbono específicos incorporados num meio de crescimento, com ou sem produção de gás, juntamente com a determinação da possível produção de sulfureto de hidrogénio (H_2S). (Amare Gebrehiwot, 2012).

Procedimento:

O TSI é um meio composto que contém três hidratos de carbono, nomeadamente glucose, lactose, sacarose e também sais férricos para testar a produção de H2S. A concentração de lactose e sacarose é 10 vezes superior à da glucose no meio. O vermelho de fenol é incorporado como indicador. Este meio é largamente utilizado e apresenta-se sob a forma de um rabo e inclinado no tubo de ensaio. O meio foi inoculado com cultura bacteriana através de um fio reto perfurado profundamente na extremidade (cultura de punhalada) e incubado a 37°C durante uma noite.

Interpretação:

Cor amarela (ácida) fermentação de hidratos de carbono

Cor vermelha (alcalina) Sem fermentação

Bolhas no rabo O gás também é produzido durante a fermentação de hidratos de carbono

Enegrecimento do meio Produção de H2S.

- As várias combinações possíveis das diferentes reacções da ETI são enumeradas a seguir; não esquecer que a reação oblíqua é a primeira, seguida da reação de topo.
- K/A (vermelho/amarelo) - Fermentado apenas com glucose
- A/A (amarelo/amarelo) - Fermentado com glucose, lactose e/ou sacarose.
- K/K (vermelho/vermelho) - Nem a glucose, nem a lactose, nem a sacarose são fermentadas.
- K - Alcalino
- A - Ácido

g. Teste da urease:

Princípio: Determinar a capacidade de um organismo para produzir uma enzima urease. A urease divide a ureia em amoníaco. O amoníaco torna o meio alcalino e, assim, o indicador vermelho de fenol muda para cor-de-rosa/vermelho.

Procedimento:

Uma colónia bacteriana foi colhida com um fio reto e inoculada no meio de Christensen e incubada a 37°C. Foi examinada após 4 horas e após incubação nocturna.

Interpretação:

Positivo - Cor-de-rosa
Negativo - Cor amarela pálida

h. Teste do ácido fenil pirúvico (PPA)

Princípio: Determinar a capacidade de um organismo para desaminar a fenilalanina em ácido fenilpirúvico (PPA). Este teste é também vulgarmente designado por teste PPA.

Procedimento:
Um meio contendo fenilalanina foi inoculado com um crescimento de cultura bacteriana e incubado a 37°C durante uma noite. Foram adicionadas algumas gotas de solução de cloreto férrico a 10%.[58] **Interpretação:**

Positivo - Cor verde
Negativo - Sem alteração da cor

i. Teste de Fermentação de Açúcar:

Princípio: Este teste é efectuado para determinar a capacidade de um organismo fermentar um hidrato de carbono específico incorporado num meio que produz ácido ou ácido com gás. Este é detectado pelo indicador de Andrade e pelo tubo de Durham.

Procedimento: O organismo de teste foi inoculado num meio de açúcar e incubado a 37°C durante 18-24 horas.

Interpretação: Positivo - Vermelho rosado (ácido)
Negativo- Amarelo a incolor (alcalino)
A produção de gás era vista como bolhas no tubo de Durham.

D. Teste de sensibilidade aos antibióticos: (CLSI 2017, M100, S22)

- Preparou-se uma diluição adequada de uma cultura em caldo ou de uma suspensão em caldo da bactéria em estudo (0,5 Mc Farland standards).
- Nos 15 minutos seguintes ao ajuste da turvação da suspensão de inóculo, mergulhou-se uma zaragatoa de algodão estéril na suspensão ajustada. A zaragatoa foi rodada várias vezes e pressionada firmemente na parede interna do tubo acima do nível do fluido. O objetivo era remover o excesso de inóculo da zaragatoa.
- A superfície seca de uma placa de ágar Mueller-Hinton foi inoculada, espalhando a zaragatoa sobre toda a superfície estéril do ágar.
- Este procedimento foi repetido por sementeira mais duas vezes, rodando a placa aproximadamente 60° de cada vez para assegurar uma distribuição uniforme do inóculo. Como passo final, o esfregaço foi rodado no bordo do ágar.
- Os discos antimicrobianos (12 discos para uma placa de 150 mm e 6 discos para uma placa de 90 mm) foram aplicados na superfície da placa de ágar inoculada.

- Cada disco foi pressionado para assegurar um contacto completo com a superfície do ágar.
- Inverter a placa e incubar a 37°C.

E. Contagem absoluta de neutrófilos (ANC):-

A contagem total de leucócitos foi efectuada num contador hematológico de células sanguíneas (SYSMEX KX21). A contagem diferencial de leucócitos foi efectuada através do exame do esfregaço de sangue periférico.

A ANC foi calculada pela seguinte fórmula:- TLC x % de contagem de neutrófilos/100

F. Proteína C-Reactiva (PCR):- [63]

A análise da PCR foi efectuada através do método de aglutinação em lâmina.

Princípio: - Baseia-se no princípio da aglutinação. A amostra em análise (soro) é misturada com o reagente de látex para a PCR e deixada a reagir. Se a concentração de PCR for > 0,6 mg/dl, observa-se uma aglutinação visível e, se for inferior a 0,6 mg/dl, não se observa aglutinação.

PROCEDIMENTO:-

Método Qualitativo-

- Pipetou-se uma gota de soro de ensaio na lâmina utilizando um conta-gotas descartável.
- Adicionou-se uma gota de reagente de látex para a PCR à gota de soro de teste na lâmina.
- Utilizando uma vareta misturadora, o soro de teste e o reagente de látex para a PCR foram misturados uniformemente.
- A mistura foi misturada e observou-se a aglutinação macroscopicamente aos 2 minutos.

Método semi-quantitativo:

- Foram efectuadas diluições seriadas do soro de teste positivo de 1:2, 1:4, 1:8, 1:16, 1:32, 1:64 e assim por diante
- Cada diluição do soro de ensaio foi pipetada em círculos de reação separados.
- Misturou-se uma gota de reagente de látex para a PCR com a gota de soro de teste na lâmina.

  Utilizando uma vareta misturadora, o soro de teste e o reagente de látex para a PCR foram misturados uniformemente e a aglutinação foi observada após 2 minutos.

RESULTADO

1. Positividade da cultura de sangue

Blood culture	Male	Female	Total
Culture positive	76	48	124
Culture negative	68	88	156
Total	144	136	280

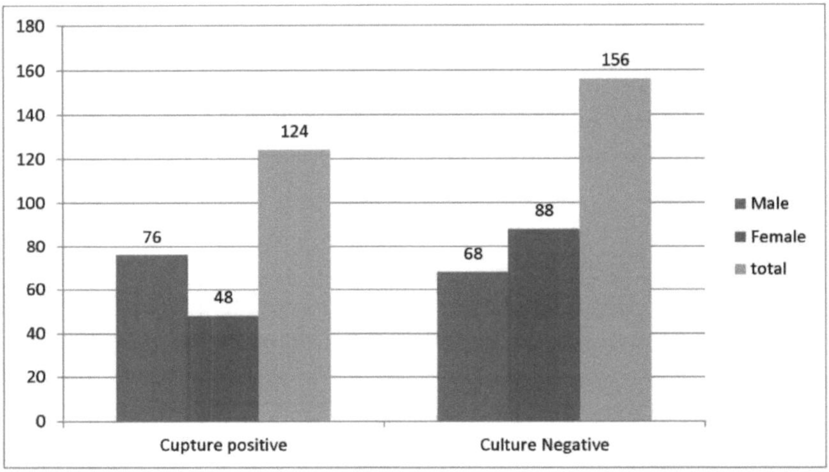

2. Distribuição dos casos de acordo com a idade de início e a positividade da cultura.

Age of onset	Culture positive	Culture negative	Total
EOS	72	60	132
LOS	52	96	148
Total	124	156	280

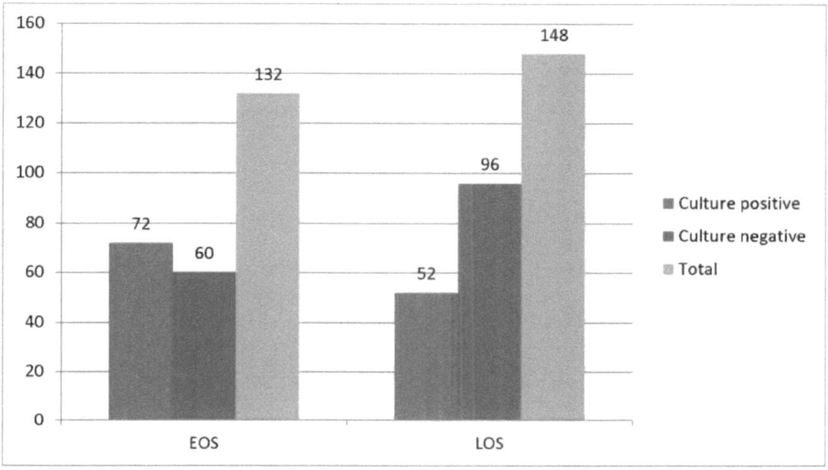

3. Isolados bacterianos em hemoculturas.

Organism	Number	Percentage
Klebsiella pneumoniae	25	20.2
E. coli	15	12.1
Pseudomonas spp	10	8.1
Acinetobacter spp	13	10.5
Citrobacter	07	5.6
Staphylococcus aureus	30	24.2
CoNS	10	8.1
Streptococcus pneumoniae	14	11.3
Total	124	**100**

Nota: CoNS - Staphylococcus aureus coagulase negative

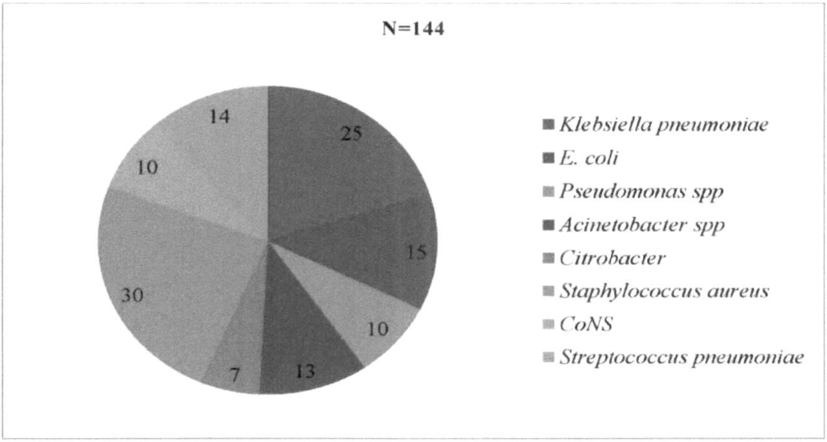

4. Isolados bacterianos de acordo com o início

Organism	EOS	LOS	Total
Klebsiella pneumoniae	14	11	25
E. coli	08	07	15
Pseudomonas spp	06	04	10
Acinetobacter spp	7	6	13
Citrobacter	4	3	07
Staphylococcus aureus	16	14	30
CoNS	7	3	10
Streptococcus pneumoniae	8	6	14
Total	70	54	124

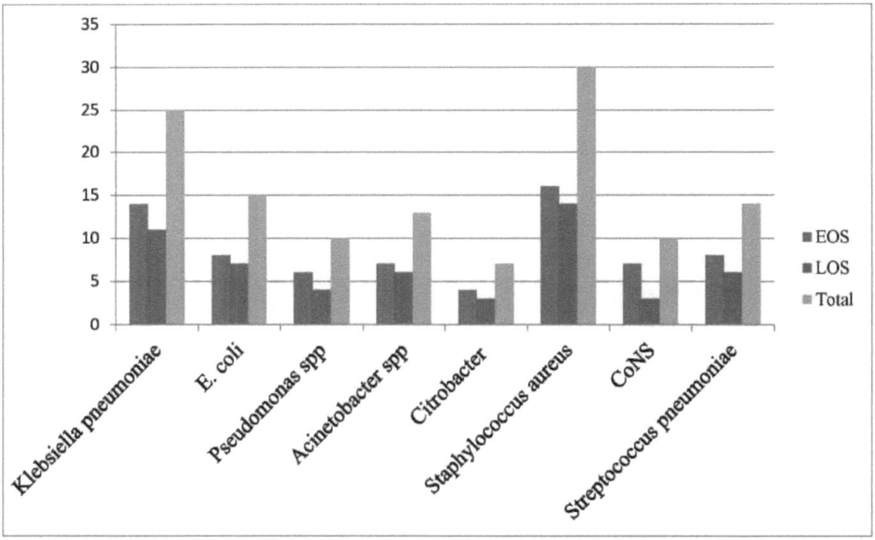

5. Resultados comparativos da cultura de sangue e da PCR (N=280)

	Total culture positive	Total CRP positive	Culture positive CRP positive	Culture positive CRP negative	Culture negative CRP positive	Culture negative CRP negative
No of Cases	124	168	110	27	36	105
percentage	44..3	60	39.3	9.6	12.9	37.5

Nota:- PCR: proteína C-reactiva.

6. Comparação dos resultados da hemocultura e dos esfregaços de buffycoat (BCS).

	Total culture positive	Total BCS positive	Blood culture positive BCS positive	Culture positive BCS negative	Culture negative BCS positive	Culture negative BCS negative
No of Cases	124	87	75	57	70	173
percentage	44.3	31.1	26.78	20.35	25	61.78

Nota:- BCS: esfregaço de buffycoat

7. Comparação entre a positividade da cultura de sangue, a positividade da PCR e a positividade do esfregaço de buffycoat.

Bacteria isolated	No of blood culture positive	No of CRP test positive	No of BCS positive
Gram negative bacilli	70	65	47
Gram positive cocci	54	35	43

8. Comparação do desempenho diagnóstico de vários parâmetros laboratoriais.

Variables	Sensitivity (%)	Specificity (%)	PPV (%)	NPV (%)
TLC	25.5	85.8	42.5	80.8
ANC	35.2	85.4	36.7	71.23
I:T Ratio	34.2	75	36	78
Micro ESR	64.8	85.6	62.23	90.1
CRP	75.5	86.7	64.5	92.5

9. Correlação das células de banda com os resultados da cultura.

Band cells	Culture positive
0-5	23
6-10	33
11-15	35
16-20	6
21-25	2
>25	1
Total	100

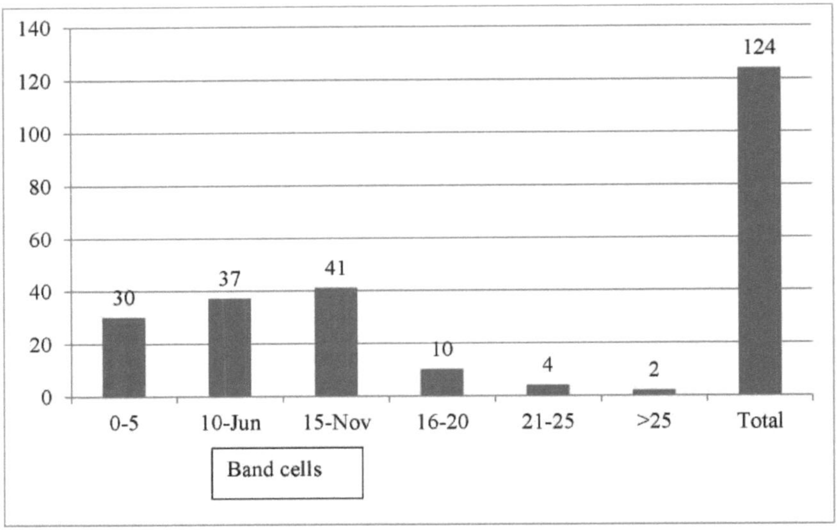

10. Caraterísticas gerais dos doentes.

Patients characters	Total (N=124)	EOS (N=72)	LOS (N=52)
Gender			
Male	76	44	32
Female	48	28	20
Male:Female	1.5:12	1.5:7	1.6:5
Gestation			
Preterm	27	7	20
Term	92	62	30
Post-term	5	3	2
Birth weight (gm)			
<1500	91	53	38
>2500	33	19	14
Mode of delivery			
NVD	81	63	28
LSCS	43	9	24

11. Sensibilidade aos antibióticos dos bacilos Gram negativos.

Antibiotics	Klebsiella pneumoniae	E.coli	Pseudomonas spp	Acinetobacter spp	Citrobacter	Total Mean
Cefazolin	65.4	76.4	67.4	70.4	76	71.1
Gentamicin	74.3	71.2	72.5	67.4	59.4	69.0
Tobramycin	71.2	70.1	57.4	72	73	68.7
Amikacin	75	72.4	60.4	73.5	75.4	71.3
Amoxicillin-Clavulanate	83.4	85.4	82.8	84.8	82.1	83.7
Ampicillin-Sulbactam	65.5	67.3	74.8	78.9	78.3	73.0
Piperacillin-Tazobactam	75.9	76.7	78.7	80.4	82.3	78.8
Ticarcillin-Clavulanate	73.7	77.4	74.4	67.4	68.4	72.3
Cefuroxime	56.3	58.4	59.4	53.4	55.5	56.6
Cefepime	82.4	84.5	87.4	78.5	78.9	82.3
Ciprofloxacin	70.8	74.7	79.8	80.4	87.4	78.6
Levofloxacin	73.3	75.3	79.3	8o.7	88.4	79.1
Imipenem	97.2	98.7	97.7	96.5	99.9	98.0
Meropenem	89.2	93.4	94.5	97.3	100	94.9
Piperacillin	78.4	76.34	78.4	65.4	76.4	75.0
Cotrimoxazole	65	56	76.3	45.5	75.4	63.6
Aztreonam	71	73.3	74.3	67.3	56.6	68.5
Ceftazidime	80.4	84.2	74.5	69.4	76.4	77.0
Total mean	74.9	76.2	76.1	73.4	77.2	

Nota: O resultado do teste de suscetibilidade acima referido é apresentado em percentagem.

12. Sensibilidade aos antibióticos dos cocos Gram positivos.

Antibiotics	*Staphylococcus aureus.*	*Enterococcus* spp	*Streptococcus pyogens*	**Total mean**
Erythromycin	55.9	59.8	63.8	59.8
Clindamycin	57.4	60.7	67.9	62.0
Cefoxitin	72.3	70.3	73	71.9
Penicillin	59.8	73.4	74.5	69.2
Cotrimoxazole	82.3	74.3	69.3	75.3
Linezolid	89.5	78.4	78.4	82.1
Doxycycline	78.4	76.4	77.4	77.4
Tetracycline	74.5	78.9	82.4	78.6
Vancomycin	97.3	97.4	98.4	97.7
Rifampin	78.3	76.3	75.3	76.6
Chloramphenicol	72.4	65.3	66.3	54.7
Ciprofloxacin	78.3	79.3	73.4	77.0
Levofloxacin	79.2	80.3	73.5	77.7
Gentamicin	74.3	76.7	73.3	74.8
Total mean	75.7	76.3	76.2	

Nota: O resultado do teste de suscetibilidade acima referido é apresentado em percentagem.

DISCUSSÃO:

A sépsis neonatal (SNN) é uma perturbação clínica descrita por sinais e sintomas de doença no principal mês de existência, com ou sem bacteriémia.

Os distúrbios não infecciosos podem criar alterações hematológicas semelhantes às observadas com a infeção, trocando assim a especificidade e o VPP dos testes de rastreio hematológico. Seja como for, pode ser utilizada uma mistura de alterações hematológicas e, adicionalmente, uma subida da PCR como um rastreio de septicemia para melhorar o resultado. Anteriormente, muitos criadores tentaram descobrir a credibilidade do rastreio de septicemia com hemocultura como o melhor nível de qualidade para distinguir a septicemia neonatal. Uma vez que nenhum parâmetro hematológico individual é melhor do que outro na antecipação da sépsis neonatal, foi sugerida uma mistura destes parâmetros como ecrã sético (Deorari AK; 2009, Ahmed Z 2005 e Zwar MP 2003).

O diagnóstico da septicemia neonatal é difícil de estabelecer tendo em conta apenas o quadro clínico, mas é fundamental que o tratamento seja organizado precocemente, tendo em conta a elevada mortalidade relacionada com a infeção neonatal.

A descoberta precoce de NNS continua a ser um conhecimento dececionante, mesmo nas nações criadas. Devido aos sinais e sintomas despretensiosos e não particulares, a conclusão rápida e correta da SNS é problemática. A hemocultura é o padrão de ouro para a determinação, ao mesmo tempo que é dispendiosa e implica um adiamento de pelo menos 48 horas antes da obtenção dos resultados preparatórios. O rendimento da hemocultura situa-se entre 30%-70%. Deste modo, alguns recém-nascidos com sépsis podem não ser detectados. Além disso, a incapacidade de barrar satisfatoriamente a descoberta de resultados precoces de sépsis neonatal leva a uma apresentação prolongada e supérflua aos antibióticos (West BA, 2012).

Para o sucesso do tratamento da sépsis neonatal, a aprendizagem dos perfis bacteriológicos e dos desenhos de suscetibilidade aos antibióticos assume um papel indispensável.

A motivação desta proposta é refletir sobre o perfil microbiano das bactérias isoladas em hemoculturas com testes de afetação anti-infecciosa e contemplar a importância da PCR e da Contagem Absoluta de Neutrófilos na análise da septicemia pediátrica e a sua relação com a hemocultura no Hospital de cuidados terciários.

No presente exame foram contempladas quantidades de 280 hemoculturas neonatais com base em sinais e sintomas clínicos.

Das 280 amostras testadas no presente estudo, 124 (44,28%) indicaram desenvolvimento bacteriano e 156 (55,71%) não demonstraram qualquer desenvolvimento. Entre as culturas positivas, 76 (61,29%) eram do sexo masculino e 48 (38,7%) eram neonatos do sexo feminino, o que dá uma proporção de 1,58:1 entre homens e mulheres [Tabela 1]. A frequência da septicemia neonatal é variável e varia de um local para outro, uma vez que depende de diferentes componentes, como a idade gestacional, o peso fetal à nascença, o sustento materno, os cuidados perinatais e as condições de esterilidade, os serviços de segurança social do bebé, etc. Na presente investigação, os homens foram mais influenciados do que as mulheres, e a proporção de homens para mulheres foi de 1,58:1. Este facto é praticamente idêntico ao de investigações alternativas (Begum S et al.;2012 e Shrestha NJ et al 2011). A explicação para a prevalência masculina é obscura, mas pode dever-se a factores subordinados ao sexo (Aletayeb SMH et al; 2011). A síntese de gamaglobulinas é provavelmente gerida por um gene imunorregulador ligado ao X e, como os homens têm um cromossoma X, são mais propensos a sofrer de septicemia neonatal do que as mulheres (Khatua SP; 1986). Isto pode dever-se potencialmente a um mecanismo de defesa deficiente e a baixos níveis de imunoglobulina G em homens jovens e em recém-nascidos de baixo peso (Chandna A.; 1988 e Sharma A 1993).

[Tabela 2] Na nossa investigação, a septicemia de início precoce (58,09%) foi superior à septicemia de início tardio (41,9%), o que é consistente com as investigações de (Wa-appear R, 2012 e Al- Shamahy et al.; 2012). Além disso, Ka-rambin MM et al anunciaram o evento mais elevado de septicemia de início recente do que de septicemia de início precoce (Karambin MM, 2011).

A positividade da cultura bacteriológica (42%) foi mais elevada entre as septicemias de início precoce. Estes casos foram atribuídos a serviços pré-natais deficientes, baixo peso à nascença, tanto pré-termo como pequeno para a idade gestacional (PIG), tendo em conta o facto de terem uma IgG materna baixa e caraterísticas susceptíveis à infeção, sendo estas descobertas equivalentes ao exame efectuado (Hussein AB, 2007 e Lee YH, 1997).

[A Tabela 3 demonstra os isolados bacterianos em hemoculturas, num total de 124 bactérias isoladas. Os bacilos gram-negativos foram 70 (56,4%) mais numerosos do que os cocos gram-positivos 54 (43,5%). Entre os bacilos gram-negativos, a *Klebsiella pneumoniae* foi a mais prevalente, 25 (2,2%), seguida da *Escherichia coli* 15 (12,1%), das espécies de *Acinetobacter* 13 (10,5%), das espécies de *Pseudomonas* 10 (8,1%) e das espécies de *Citrobacter* 7 (5,6%). Nos cocos Gram-positivos, *o Staphylococcus aureus* 30(24,2%) foi o mais frequente, seguido do Streptococcus pneumoniae 14(11,3%) e do Staphylococcus coagulase negativo 10(8,1%).

[A Tabela 4 demonstra que o tempo de permanência dos neonatos com cultura positiva variou de 12 horas a 28 dias. Entre os neonatos com cultura positiva, 70 (56,4%) estavam com EOS e 54 (43,5%) com LOS.

Entre os neonatos examinados, o LOS (55,8%) foi mais típico do que o EOS (44,2%), o que está de acordo com os relatórios de outras nações africanas e asiáticas (Kayange, 2010, D. E. Ballot,2012 e C.K. Shaw 2007). Em todo o caso, o inverso foi registado em alguns relatórios anteriores (S. Afsharpaiman, 2012).

Esta investigação foi reforçada por (Bambala Puthattayil Zakariya, 2010), tendo como resultado 120 recém-nascidos, 60 (metade) eram inalienáveis, enquanto os outros 60 (metade) eram não nascidos. Dos 120 casos clinicamente associados à sépsis neonatal, 69 (57,5%) eram de início precoce e 51 (42,5%) eram de início tardio. Em 39 (56,5%) casos de início precoce a hemocultura foi positiva, enquanto que em apenas 11 (21,6%) casos de sepsis de início tardio foi segregado um agente patogénico da hemocultura (P-estimativa 0,0003). No total, 41,6% (50 de 120) dos casos clinicamente associados eram casos demonstrados por cultura com sépsis neonatal. Os seres vivos Gram-negativos foram destacados de 41 (82%) dos 50 casos demonstrados por cultura. A Klebsiella pneumoniae (66%) foi o agente causal mais reconhecido da sépsis neonatal. Os estafilococos coagulase-negativos (12%) foram o especialista gram-positivo mais reconhecido.

Os operadores etiológicos da sépsis neonatal mudam entre as nações criadas e em criação (Sanghvi KP, 1996 e Stoll BJ, 2002). *A Klebsiella pneumoniae* e outros seres vivos gram-positivos *Staphylococcus aureus* foram as principais razões para a sépsis no presente estudo e também em diferentes investigações da Índia e da Nigéria (Kaistha N, 2009 e Iregbu KC 2006). Seja como for, nas nações criadas, o Streptococcus do Grupo B e os estafilococos coagulase-negativos (CONS) são

as razões dominantes da sépsis (Anderson-Berry AL, 2010). O perfil bacteriológico da sépsis de início precoce contrasta com o da sépsis de início recente, uma vez que o método da doença é diverso (Rasul CH, 2007). A sépsis neonatal de início precoce é adquirida por via transplacentária ou como contaminação ascendente a partir do colo do útero ou no decurso da secção do bebé através de um canal de parto colonizado. No presente exame, o Staphylococcus aureus foi o operador de base identificado na sépsis de início precoce. Embora o Streptococcus do Grupo B tenha sido considerado um especialista vital relacionado com a sépsis de início precoce, as investigações actuais demonstram um padrão decrescente na frequência deste agente patogénico (van den Hoogen A, 2010). A sépsis neonatal de início tardio é tipicamente obtida a partir da prestação de cuidados e os estafilococos coagulase-negativos (CONS), *Staphylococcus aureus, Escherichia coli* e espécies de *Klebsiella* são os especialistas regularmente incluídos.

Nesta avaliação do exame da PCR, a constatação de sépsis dependia de uma cultura de sangue positiva. A definição rejeitou pneumonia, doenças gastrointestinais, do trato urinário e da pele que podem não provocar alterações na PCR (Sabel KG, 1979 e Shortland DB, 1990). A correlação entre a execução da PCR e a hematologia irregular foi, ao longo destas linhas, efectuada contra um "nível de qualidade mais elevado" caracterizado por todos. À semelhança do relatório de (Wagle, 1994), os recém-nascidos sépticos tiveram um peso à nascença e uma idade gestacional fundamentalmente mais baixos do que os não sépticos. A maior parte dos seres vivos contaminantes eram os Staphylococcus, que constituem a principal fonte de doenças nosocomiais nos recém-nascidos vulneráveis (Ho LY, 1992). A determinação da afetividade e da especificidade depende do conhecimento dos bebés que se encontravam sépticos no momento da medição da PCR. Uma estima pragmática mais notável é obtida pelo conhecimento de sua exatidão presciente (Ahmed Z, 2005), apesar do fato de que estes estão sujeitos à taxa de predominância. Por assim dizer, quando a PCR demonstrou um resultado positivo, é preciso perceber até que ponto os bebês eram na verdade sépticos. As verificações de plaquetas tiveram a afetividade mais reduzida (23,07%) e a menor especificidade (45%) entre os registos. Estas listas tornam-nos menos significativos do que a PCR para efeitos de rastreio. Além disso, (Manroe BL, 1979), tinha detalhado que a hematologia anómala podia ser influenciada por procedimentos não sépticos como o tratamento com esteróides como caraterística do tratamento de uma doença pulmonar constante. A PCR, por sua vez, não foi afetada pela cateterização de vasos sanguíneos, drenagem intraventricular ou tratamento com esteróides (Russell GAB, 1992 e Chan DK, Ho-LY. 1997). Este exame demonstrou que a estimativa da proteína C-responsiva através da técnica semiquantitativa de aglutinação do látex é um aparelho auxiliar útil no rastreio da sépsis neonatal. O exame quantitativo da PCR é fácil de efetuar à cabeceira do doente pelo pessoal de enfermagem. É concluído rapidamente em 10 minutos, utilizando apenas

20 pl de sangue do recém-nascido.

[Tabela 5] Entre as 280 septicemias neonatais especuladas, a hemocultura foi positiva em 124 casos (44,28%) e a análise da PCR foi certa em 168 casos. Tanto a hemocultura como a PCR foram certas em 110 casos, 36 casos foram positivos para a PCR e negativos para a cultura, 27 casos foram negativos para a PCR e positivos para a cultura. Em 105 casos, tanto a análise da PCR como a hemocultura acabaram por ser negativas. A afectabilidade geral da análise da PCR é de 75,5%. A afetividade da análise da PCR em casos demonstrados por hemocultura foi de 86,7% e a especificidade da análise da PCR foi de 71,43%. A estima de presciência positiva foi de 64,5% e a estima de presciência negativa foi de 92,5%.

A proteína C-responsiva, uma proteína fágica aguda em agravamento, foi avaliada por numerosos trabalhadores desta forma, mas a ausência de especificidade foi o impedimento fundamental. Parikh M e Singh N [41] detalharam a afetividade e a especificidade do teste da PCR em 81,4% e 75,5%, individualmente, em casos demonstrados em cultura (Chan DK, Ho-LY.1997), detalharam a afetividade e a especificidade, as estimativas de presciência positiva e negativa em 56%, 72%, 71% e 57% (Anuradha DE, 1995) em 1998, revelaram uma afetividade de 100% e uma especificidade de 87,3%. Na presente investigação, a afectabilidade do teste de PCR nos casos demonstrados pela cultura foi de 87,37% e a especificidade de 71,43%, separadamente. A presciência positiva foi de 73,45% e a presciência negativa de 86,21%.

As centralizações séricas da PCR aumentam algumas centenas de vezes devido à contaminação bacteriana, tornando-a um teste analítico atraente para a sépsis neonatal. Uma vez que as indicações clínicas da sépsis neonatal são ambíguas e inespecíficas, e não existe atualmente um único marcador fiável de contaminação, todas as crianças com suspeita de sépsis devem ser tratadas com agentes anti-infecciosos enquanto se aguarda a realização de uma hemocultura. A PCR tem sido utilizada como marcador de doença e a consistência da PCR aumenta com o tempo, pelo que são prescritas estimativas em série, em vez de uma estimativa única aquando da introdução (Bomela HN, 200 e Pourcyrous M1993).

[Quadro 6] Na presente investigação, a hemocultura foi confirmada em 124 dos 280 casos especulados e a disseminação da camada de búfalo foi confirmada em 87 casos. Tanto a hemocultura como a dispersão da camada de búfalo foram corretas em 75 casos. 57 casos eram positivos em termos de cultura e negativos em termos de dispersão da camada de búfalo, 70 casos eram negativos em termos de cultura e positivos em termos de dispersão da camada de búfalo e 173 casos eram negativos em termos de cultura e de dispersão da camada de búfalo. A afectabilidade geral do BCS é de 31,5%. A afetividade da BCS em casos demonstrados por hemocultura foi de 55,3% e a especificidade foi de 88,1%. A estima de presciência positiva foi de 73,4% e a estima de presciência negativa de 71,2%. O exame comparável (Rajendra Prasad BPM2012). A hemocultura foi positiva em 95 dos 200 casos presumidos e o esfregaço de buffy coat foi certo em 63 casos. Tanto a hemocultura como a baciloscopia foram certas em 47 casos. 38 casos eram positivos em termos de cultura e negativos em termos de baciloscopia, 16 casos eram negativos em termos de cultura e positivos em termos de baciloscopia e 99 casos eram negativos em termos de cultura e baciloscopia. A afectabilidade geral da BCS é de 31,5%. A afectabilidade da BCS em casos demonstrados por hemocultura foi de 55,3% e a especificidade foi de 86,1%. Estimativa de presciência positiva de 74,6% e de presciência negativa de 72,3%.

O esfregaço de buffy coat (BCS) é considerado um dos testes rápidos disponíveis para a análise da septicemia neonatal; no entanto, os resultados são variáveis (Chandna An, 1988), que, na sua investigação, anunciou uma afetividade de metade e uma especificidade de 54%, com uma exatidão presciente positiva de metade para a disseminação do buffy coat. (Parikh M e Singh N, 1995), anunciaram uma afetividade de 68,5% e uma especificidade de 91,9% para a disseminação da camada leucocitária cor de laranja de acridina. (Anuradha DE e colaboradores, 1995) anunciaram uma afectabilidade de 76,5%, uma especificidade de 91,2%, uma estima de presciência positiva de 89,3% e uma estima de presciência negativa de 80,2%. No nosso exame da afectabilidade do buffy coat, a dispersão foi de 55,3% e a especificidade de 86,1%, com uma estimativa de presciência positiva de 74,6% e uma estimativa de presciência negativa de 72,3%.

[Tabela 7] Das 124 hemoculturas positivas, 70 eram isolados Gram-negativos. Destes 70 confinados, o teste de PCR foi positivo em 65 casos e o esfregaço de buffy coat foi positivo em 47 casos. Das 124 hemoculturas positivas, 54 eram isolados Gram-positivos. Destes 54 isolados, o teste de PCR foi encorajador em 35 casos e o esfregaço de buffy coat foi positivo em 43 casos. Esta investigação descobriu fundamentalmente o mesmo que o concentrado por foi (Rajendra Prasad BPM, 2012), tendo efeito posterior Dos 95 positivos da cultura de sangue, 67 eram bactérias Gram-negativas. Destas 67 desconexões, o teste de PCR foi confirmado em 60 casos e a dispersão da camada de lama foi confirmada em 34 casos. Dos 95 positivos da hemocultura, 28 eram descolamentos Gram-positivos. Destas 28 desvinculações, o teste de PCR foi encorajador em 23 casos e a disseminação do buffy coat foi segura em 13 casos. Para uma análise rápida da septicemia neonatal, a combinação do exame de espalhamento de buffy coat e do teste de PCR será extremamente útil. Embora a hemocultura seja o nível de qualidade mais elevado para a deteção de septicemia neonatal, o relatório da hemocultura demora pelo menos 48-72 horas. O teste de PCR e o relatório da BCS estarão acessíveis mais cedo. Os dois testes são tudo menos difíceis de efetuar e rápidos. A análise da PCR é excecionalmente delicada em casos de septicemia.

[Quadro 8] Ao analisar a execução indicativa do rastreio da sépsis, verificaram-se as seguintes percepções: Observou-se que todos os marcadores normais são excecionalmente específicos na determinação da sépsis neonatal. A especificidade da CPT, ANC, I/T RATIO, MICRO ESR e PCR é de 85,8%, 85,4%, 75%, 85,6% e 86,7%, respetivamente. Verifica-se que a PCR tem uma afectabilidade superior (86,7%), uma estima presciente positiva (64,5%) e uma estima presciente negativa (92,5%) do que outros marcadores de rotina utilizados. Esta investigação foi fundamentalmente a mesma que a concluída (Udit Anand,)[49] A especificidade da CPT, ANC, I/T RATIO, MICRO ESR e PCR é de 87,8%, 79,7% 77% 85,1% e 83,7% individualmente. Verifica-se que a PCR tem uma afectabilidade superior (73,1%), uma estima de presciência positiva (61,3%) e uma estima de presciência negativa (90%) do que outros marcadores de rotina utilizados. No seu exame sobre a identificação rápida da sépsis neonatal, descobriram 14,28% de afetividade, 93,8% de especificidade, 60% de VPP e 60% de VPN individualmente para o parâmetro TLC. O efeito secundário da Contagem Absoluta de Neutrófilos (ANC) Várias investigações que consideraram a ANC distribuíram resultados comparativos (Varsha, Rusia2003). A descoberta do Rácio I/T tem Muitas variedades entre vários analistas são observadas para este parâmetro, o que pode ser esclarecido pela gravidade da contaminação, idade neonatal, afetividade diminuída se o teste for tentado após o período principal de sete dias de vida, critérios de conclusão (diversos entre vários exames) e tempo de inspeção distinto que contrasta de concentrado para estudo (Ahmed Z, Ghafoor T, 2005). Micro-ESR: introdução de uma contemplação semelhante à de outros investigadores[53]. As variações observadas são um resultado direto da ideia de que pelo menos 4 horas são vitais para a melhoria da reação hematológica após o início da doença, o que resulta num resultado alternativo se as análises ao sangue forem recolhidas ou trabalhadas antes deste período.

[Tabela 9] Dos 124/280 casos positivos em cultura, foram observadas células em banda em 100/124 casos (80,64%). À medida que o rácio de células em banda aumentava, também aumentava a positividade da cultura. Verificou-se que um rácio de células em banda superior a 11% se correlaciona a 100% com a positividade da cultura.

Embora a hemocultura seja um padrão de ouro para o diagnóstico da septicemia neonatal, outros factores como a contagem absoluta de neutrófilos, as células em banda, a VHS, a proteína C-reactiva, a procalcitonina e outros marcadores serológicos são importantes para o diagnóstico de casos de septicemia neonatal clinicamente suspeitos de serem positivos em cultura. O estudo de (Nautiyal S, 2014) concluiu que a elevada percentagem de células de banda em casos positivos de cultura de sépsis neonatal. Esta correlação foi altamente significativa com um rácio de células em banda superior a 11%. Sugerimos que a contagem de células em banda seja utilizada como marcador de substituição até se aguardar o relatório da hemocultura. A limitação deste estudo foi o facto de não ter sido realizada hemocultura para agentes patogénicos anaeróbios, pelo que não é possível comentar o aumento do rácio de células em banda e a negatividade da cultura. Por conseguinte, recomenda-se a realização de uma cultura paralela aeróbia e anaeróbia sempre que possível.

[A Tabela 10 mostra as caraterísticas gerais dos doentes, com um rácio homem:mulher de 1,5:1, EOS de 1,5:1 e LOS de 1,6:1. No caso da gestação, o bebé pré-termo foi o mais prevalente de septicemia 92(124), EOS 62(72), LOS 30(52), seguido do bebé pré-termo 27(124), EOS 7(72), LOS 20(52) e o menos prevalente foi o bebé pós-termo 5(124), EOS 3(72), LOS 2(52).De acordo com o peso à nascença, um total de 124 pacientes com septicemia neonatal <1500gm foi o mais suscetível 91(124), EOS 53(72), LOS 38(52) e >2500gm bebé 33(124), EOS 19(53), LOS 14(52). Modo de parto O parto vaginal normal foi 81(124), entre os NVD 63(72) foi EOS e 28(LOS). Cesariana de segmento inferior 43(124) entre eles 9(72) foi EOS e 24(52) LOS. [Tabela 11]

Mostrar o padrão de suscetibilidade aos antibióticos dos bacilos gram-negativos, cuja média de imipenem foi de 98%, seguida de meropenem 94,9% amoxicilina calvunato 83,7%, cefepima 82,3%, levofloxacina 79%.1Piperacilina-Tazobactam78,8% Ciprofloxacina78.6% Ceftazidima 77% Piperacilina 75%Ampicilina-Sulbactam73%Ticarcilina-Clavulanato72,3%Amikacina71,3%Cefazolina71,1% Gentamicina 69% Tobramicina 68,7% Aztreonam 68,5% Cotrimoxazol 63,6% e a menor foi Cefuroxima 56,6%.

Neste estudo [Tabela 12] mostra o padrão de suscetibilidade antibiótica dos cocos gram positivos: a vancomicina foi a mais sensível 97,7%, o clorofenicol 84,7%, a linezolida 82,1%, a tetraciclina 78.6%, a levofloxacina 77,7%, a doxiciclina 77,4%, a ciprofloxacina 77%, a rifampicina 76,6%, o cotrimoxazol 75,3%, a gentamicina 74,8%, a cefoxitina 71,9%, a penicilina 69,2%, a clindamicina 62% e a eritromicina 59,2%.

A resistência dos microrganismos que causam a sépsis neonatal aos medicamentos é um problema emergente e potencialmente desastroso. A situação é pior nos países em desenvolvimento devido à falta de legislação, à venda de antibióticos sem receita médica, às más condições sanitárias, à falta de vigilância das normas das maternidades e às práticas das parteiras tradicionais, que realizam quase 80% de todos os partos (Faryal FF, 2001 e 1990). O padrão de suscetibilidade antimicrobiana difere em diferentes estudos realizados na Etiópia (Asrat D 2001), bem como noutros estudos (Kapoor L, Randhawa 2005). É importante manter a vigilância dos organismos adquiridos nosocomialmente e dos factores que predispõem à sépsis neonatal. Uma melhor compreensão desta questão facilitaria as mudanças de comportamento necessárias nos cuidados a prestar aos recém-nascidos e uma terapia antibiótica racional no tratamento da sépsis neonatal. São também necessários mais estudos nesta área que abordem os factores de risco maternos para a sépsis neonatal, a fim de prestar melhores cuidados ao recém-nascido em risco de sépsis. Em resumo, os isolados bacterianos predominantes que causam sépsis neonatal são bacilos gram-negativos, particularmente Klebsiella ozaene, gram-negativos não fermentadores de lactose e E.coli. O Staphylococcus aureus é o mais comum de todos os organismos isolados (tanto gram positivos como gram negativos). Existe uma taxa extremamente elevada de resistência dos microrganismos a diferentes antibióticos habitualmente prescritos (Amare Gebrehiwot, 21012).

CONCLUSÃO

O presente estudo mostrou que:

> Foram detectados 124(280) casos de septicemia neonatal, dos quais 76 eram do sexo masculino e 48 do sexo feminino, com um rácio de 1,5:1. Os bebés do sexo masculino eram mais susceptíveis à infeção.

> A septicemia de início precoce 72(124) foi mais comum do que a septicemia de início tardio 52(124).

> *O Staphylococcus aureus* e *a Klebsiella pneumoniae* foram os mais prevalentes, tanto no caso de septicemia precoce como no caso de septicemia tardia.

> Entre as 280 suspeitas de septicemias neonatais, a hemocultura foi positiva em 124 casos (44,28%) e a análise da PCR foi positiva em 168 casos. Tanto a hemocultura como a PCR foram positivas em 110 casos, 36 casos foram positivos para a PCR e negativos para a cultura, 27 casos foram negativos para a PCR e positivos para a cultura. Em 105 casos, tanto a análise da PCR como a hemocultura foram negativas. A afectabilidade geral da análise da PCR é de 75,5%. A afetividade da análise da PCR em casos demonstrados por hemocultura foi de 86,7% e a especificidade da análise da PCR foi de 71,43%. Estimativa de presciência positiva 64,5% e estima de presciência negativa 92,5%

> A especificidade geral do esfregaço de buffy coat é de 31,5%. A afetividade do BCS em casos demonstrados por hemocultura foi de 55,3% e a especificidade foi de 88,1%. A estima de presciência positiva foi de 73,4% e a estima de presciência negativa de 71,2%.

> Das 124 hemoculturas positivas, 70 eram isolados Gram-negativos. Destes 70 confinados, o teste de PCR foi positivo em 65 casos e o esfregaço de buffy coat foi positivo em 47 casos. Das 124 hemoculturas positivas, 54 eram isolados Gram-positivos. Destes 54 isolados, o teste de PCR foi encorajador em 35 casos e o esfregaço de buffy coat foi positivo em 43 casos

> A especificidade da CPT, ANC, I/T RATIO, MICRO ESR e PCR é de 85,8%, 85,4% 75% 85,6% e 86,7% separadamente MICRO ESR e PCR demonstram uma afetividade superior e um incentivo presciente positivo do que os diferentes marcadores, apesar da elevada especificidade e estima presciente negativa. Verifica-se que a PCR tem uma afectabilidade superior (86,7%), uma estima presciente positiva (64,5%) e uma estima presciente negativa (92,5%) do que outros marcadores de rotina utilizados.

- Dos 124/280 casos positivos em cultura, foram observadas células em banda em 100/124 casos (80,64%). À medida que o rácio de células em banda aumentava, também aumentava a positividade da cultura. Verificou-se que um rácio de células em banda superior a 11% se correlaciona a 100% com a positividade da cultura.

- O imipenem foi o mais sensível 98% seguido do meropenem 94,9% amoxicilina calvunato 83,7%, cefepima 82,3%, levofloxacina 79%. Piperacilina-Tazobactam78,8% Ciprofloxacina78,6%Ceftazidima77%Piperacilina75%Ampicilina-Sulbactam73%Ticarcilina-Clavulanato72,3%Amikacina71,3%Cefazolina71,1% Gentamicina 69% Tobramicina 68,7% Aztreonam 68,5% Cotrimoxazol 63,6% e a menor foi Cefuroxima 56,6%.

- O padrão de suscetibilidade aos antibióticos dos cocos Gram positivos mais sensível foi a vancomicina (97,7%), a linezolida (82,1%), a tetraciclina (78,6%), a levofloxacina (77,7%), a doxiciclina (77,4%), a ciprofloxacina (77%), a rifampicina (76,6%), o cotrimoxazol (75,3%), a gentamicina (74,8%), a cefoxitina (71,9%), a penicilina (69,2%), a clindamicina (62%) e a eritromicina (59,2%).

Apêndice (Mackie & McCartney, 2006)

1. Coloração de Gram:

Crystal violet (1%):

Crystal violet -	10 gms
Methanol -	200 ml
Ammonium oxalate (1%) -	8 gms
Distilled water -	800 ml

Iodine:

Iodine -	10 gms
Potassium iodide -	20 gms
Distilled water -	1000 ml

Dissolve-se o iodeto de potássio em água de lavagem e adiciona-se o cristal de iodo e depois água destilada.

Iodine acetone:

Stock iodine solution -	35 ml
Acetone -	965 ml

Stock solution for iodine acetone

Iodine -	7 gms
Potassium iodide -	10 gms
Distilled water -	10 ml
Alcohol -	90 ml

Safranin: (0.5% solution)

Safranin -	5 gms
Distilled water -	1000 ml

Composição e preparação dos vários suportes utilizados neste estudo:

2. Ágar nutriente:

Beef extract -	3 gms
Peptone -	5 gms
Agar -	15 gms
Distilled water -	1000 ml

Final pH=6.8

Autoclavar a 121°C durante 15 minutos.

3. Ágar sangue:

Blood agar base medium - (Nutrient agar)	500ml
Sterile blood -	20 ml

Esterilizar o meio de base, arrefecer até 48-50°C e adicionar 5% de sangue estéril, de forma asséptica. Rodar para misturar bem e deitar em placas de Petri estéreis em quantidades de aproximadamente 20 ml. Quando o ágar estiver endurecido, inverter e incubar uma ou duas placas por lote de 100-200 durante a noite para testar a esterilidade.

Se aparecerem bolhas na placa vertida, passar um bico de Bunsen sobre o ágar antes de este endurecer.

4. Ágar chocolate:

O mesmo que o ágar-sangue e, em seguida, o meio é aquecido até ficar castanho ou cor de chocolate. Derreter a quantidade desejada de ágar nutriente, arrefecê-lo num banho de água a 75°C, adicionar 10% de sangue estéril e deixar o meio permanecer a 75°C, misturar o sangue e o ágar suavemente

agitar de vez em quando até que o sangue adquira uma cor castanha chocolate em cerca de 10 minutos.

5. Ágar Muller Hinton:

Beef extract -	300 gms
Peptone -	17.5 gms
Starch -	1.5 gms
Agar -	17 gms
Distilled water -	1000 ml
(Final pH=7.4)	

Suspender o meio em água destilada, misturar bem e aquecer com agitação frequente. Ferver durante cerca de 1 min, dispensar, esterilizar por autoclavagem a 116°C-121°C durante não mais de 15 min e arrefecer colocando imediatamente num banho de água a 50°C antes de verter.

6. Ágar MacConkey:

Peptone -	20 gms
Sodium taurocholate -	5 gms
Distilled water -	1000 ml
Agar -	20 gms
Neutral red solution - (2% in 50% ethanol)	3.5 ml
Lactose - (10% aqueous solution)	100 ml

Dissolver a peptona e o taurocolato (sal biliar) na água por aquecimento. Adicionar o ágar e dissolvê-lo no vaporizador ou na autoclave. Se necessário, limpar por filtração.
Ajustar o pH a 7,5. Adicionar a lactose e o vermelho neutro, que deve ser bem agitado, antes da utilização e misturar. Aquecer no autoclave com vapor livre durante 1 hora, depois a 115°C durante 15 minutos e verter as placas.

7. Meio de ensaio com indole:

Medium:

Peptone -	20gms
Sodium chloride -	5gms
Distilled water -	1000ml

Ajustar o pH a 7,4 Dispensar e esterilizar por autoclavagem a 121°C durante 15 minutos.

Reagent:

Ehrlich's

P. dimethyl aminobenzaldehyde -	2 gms
Absolute ethyl alcohol -	190 ml
Concentrated HCL -	40 ml

8. Ágar Ferro Triplo Açúcar Meio:

Yeast extract -	3 gms
Peptone -	20 gms
Glucose -	1 gms
Lactose -	10 gms

Sucrose -	10 gms
Ferric Citrate -	0.3 gms
Sodium chloride -	5 gms
Sodium Thiosulphate -	0.3 gms
Agar -	12 gms
Phenol red, 0.2% Solution -	12 ml
Distilled water -	100 ml

Aquecer para dissolver os sólidos, adicionar a solução indicadora, misturar e tubular. Esterilizar a 121°C durante 15 minutos e arrefecer para formar vertentes com extremidades profundas (3cm).

9. Meio de teste de motilidade:

Beef extract -	3 gms
Gelysate peptone -	10 gms
Sodium chloride -	5 gms
Agar -	4 gms
Distilled water -	1000 ml

Suspender 22 g de meio desidratado em água e adicionar 0,05 g de trifeniltetrazólio.
Aquecer com agitação frequente, ferver 1 minuto para dissolver os ingredientes.
Distribuir em tubos de ensaio e esterilizar por autoclavagem a 121°C durante 15 minutos. Conservar à temperatura ambiente.

10. Meio de teste da urease:

Peptone -	1 gms
Glucose -	1 gms
Sodium chloride -	5 gms
Monopotassium Phosphate -	2 gms
Phenol red -	0.012 gms
Agar -	20 gms
Distilled water -	100 ml

Esterilizar a solução de glucose e ureia por filtração.
Preparar o meio basal sem glucose ou ureia, ajustar o pH para 6,68-6,9 e esterilizar por autoclavagem num balão a 121°C durante 30 minutos, arrefecer até cerca de 50°C, adicionar a glucose e a ureia e tubular o meio como declives profundos.

11. Meio para o teste do citrato:

Sodium chloride -	5 gms
Mg Sulphate -	0.2 gms
Amomnium dihydrogen phosphate -	1 gms
Potassium dihydrogen phosphate -	1 gms
Sodium citrate -	5 gms
Distilled water -	1000 ml

Agar - 20 gms

Bromothymole blue (0.2%) - 40 ml

Meio de citrato de Koser 1 litro.

Dispersar, autoclavar a 121°C durante 15 minutos e deixar endurecer em declives.

12. Água de peptona:

Peptone -	10 gms
Sodium chloride -	5 gms
Distilled water -	1000 ml

Dissolver os ingredientes em água morna, ajustar o pH para 7,4-7,5 e filtrar. Distribuir conforme necessário e autoclavar a 121°C durante 15 minutos.

ABREVIATURAS

ANC: Absolute Neutrophil Count

ARDS: Acute Respiratory Distress Syndrome

ATCC: American Type Culture Collection.

BSI: Blood Stream Infection.

CBC: Complete Blood Count

CIEP: Counter Immuno- Electrophoresis

CLSI: Clinical Laboratory Standard Institute.

CoNS : Coagulase Negative Staphylococcus.

CRP: C-reactive protein

ELBW: Extremely Low Birth Weight

ELISA: Enzyme Linked Immunosorbent Assay

EOS: Early Onset Sepsis

GNNF: Gram Negative Non Fermenter.

HRLBW: High-Risk Low Birth Weight

LBW: Low Birth Weight

LOS: Late Onset Sepsis

NNPD: National Neonatal Perinatal Database

PMN: Polymorph nuclear

SBI: Severe Bacterial Infection

SIRS: Severe Inflammatory Respiratory Syndrome.

TLC: Total Leukocyte Count

VLBW: Very Low Birth Weigh

REFERÊNCIAS:

Agarawal R. & Deorari A.K. (2008). Sepsis in the Newborn. *Indian Journal of Paediatrics.* 2008; 75(3): 261-266.

Ahmed Z, Ghafoor T, Ali S, Aziz S, Mahud S;(2005). Valor diagnóstico da proteína C-reactiva e dos parâmetros hematológicos na sépsis neonatal. *JCPSP.* 15(3): 152-156.

Aletayeb SMH, Khosravi AD, Dehdashtian M, Kompani F, Mortazavi SM, Aramesh MR.(2011) Identificação de agentes bacterianos e suscetibilidade antimicrobiana da sépsis neonatal. *Jornal* Africano *de Investigação Microbiológica* . 5(5):528-531.

Alistar GS, Philip MB e Jean R(1980). Diagnóstico precoce da sepse neonatal. Pediatrics; 65(5): 1036-1041.

Alma I. Dela Cruz (2001). The Diagnostic Use of C-Reactive Protein in the Detection of Infection among Patients with Malignancy and Connective Tissue Disease. *Phil J Microbiol Infect Dis.* 30(3):108-111.

Al-Shamahy HA, Sabrah AA, Al-Robasi AB, Naser SM(2012). Tipos de bactérias associadas à sépsis neonatal no *Hospital Universitário Al-Thawra, Sana, Iémen e o seu perfil antimicrobiano. SQU Med J.* 12(1):48-54.

Amare Gebrehiwot, Wubishet Lakew, Feleke Moges, Beyene Moges, Belay Anagaw, Gizachew Yismaw, Tesfaye Nega., et al.; (2012) Afework Kassu1Perfil bacteriano e padrão de suscetibilidade a medicamentos da sépsis neonatal em Gondar. *Der Pharmacia Lettre,* 2012;4 (6):1811- 16

Ananthanarayan e Paniker, s. Textbook of Microbiology. pg no.638-639.

Anderson-Berry AL, Bellig LL, Ohning BL. Sepse neonatal. emedicina Pediátrica: Cardiac Disease and Critical Care Medicine 2010; 978352 [Atualizado em 23/02/2010; Citado em

Ann L Anderson, Linda L Bellig & Bryan L Ohning. eMedicine Specialities .(2006) Pediatrics: Doença cardíaca e medicina de cuidados críticos - Neonatologia. Neonatologia - Sepsis. Artigo atualizado pela última vez: 18 de agosto.

Anuradha DE, Saraswathi K,Gogate A, Fernandes .Bacteremia em crianças hospitalizadas - Um estudo prospetivo de um ano .Indian J Med Microbiol 1995;13(2) :72-75.

Anwer SK, Mustafas. Rapid identification of neonatal sepsis .J Pak Med Assoc. 2000 Mar;50(3):94-8.

Armida Farnandez et al. Manual de cuidados neonatais, edição ST. BI Churchill Livingstone. 153: 1993

Asrat D e Amanuel YW (2001). *Ethiop. Med. J,* , 39, 97-104.

Ayliffe AJ & Babb JR. Desinfeção das mãos: A comparison of various agents in laboratory and ward studies. Journal of Hospital. 1988;11:226-243.

Bambala Puthattayil Zakariya & Vishnu Bhat & Belgode Narasimha Harish & Thirunavukkarasu Arun Babu & Noyal Mariya Joseph(2010). Sepsis Neonatal num Hospital de Cuidados Terciários no Sul da Índia: Perfil bacteriológico e padrão de sensibilidade aos antibióticos. *Indian JPediatr.* 27 (24):1-5.

Begum S, Baki MA, Kundu GK, Islam I, Kumar M, Haque A. Perfil bacteriológico da sépsis neonatal num hospital terciário do Bangladesh. J Bangladesh Coll Phys Surg 2012; 30:66-70

Behrman RE, Kaliegman RM, Jenson, Stanton: Infecções do recém-nascido neonatal. Nelson Textbook of Paediatrics, 18ª edição, Filadélfia, PA: W.B. Saunders; 2007.

Betty A, Forbes, Daniel F, Sahm Alice S Weissfeld. Infecções da corrente sanguínea. In: Bailey & Scott's Diagnostic Microbi- ology, 12th ed, Fabiano K, Sarahly L, Ellen Wurm (Editores), Mosby Elsevier, EUA, pp.779-781, 2007.

Bingen E e Aujard Y.(2005.) Sepsis neonatal e meningite por Escherichia coli: do resultado básico ao aspeto clínico. Villars sur Ollon, setembro.

Bomela HN, Ballot DE, Cory BJ, Cooper PA (2000). Utilização da proteína C-reativa para orientar a duração da antibioticoterapia empírica na suspeita de sepse neonatal precoce. Pediatr Infect Dis J 19 (6): 531-5.

C.K. Shaw, P. Shaw, andA.Thapalial(2007). "Neonatal sepsis bacterial isolates and antibiotic susceptibility patterns at a NICU in a tertiary care hospital in westernNepal: a retrospective analysis," *Kathmandu University Medical Journal,* 5(18), pp. 153-160,

Camacho-Gonzalez A, Spearman PW, Stoll BJ.(2013). Doenças infecciosas neonatais: avaliação da sepse neonatal. *Pediatr Clin North Am.* 60:367-89;

Chan DK, Ho LY (1997). Utilidade da proteína C-reactiva no diagnóstico da sépsis neonatal. Singapore Medical Journal./*38*:252-255.

Chan DK,Ho-LY.(1997). Utilidade da proteína C-reactiva no diagnóstico da sépsis neonatal. *Singapore Med J.* 38(6):252-255.

Chandna A, Rao MN, Srinivas M, Shyamala S. (1988). Testes de diagnóstico rápido na septicemia neonatal. *Indian J. Pediatr.* 55(6): 947-53.

Chiesa C, Paner A & Osborn J. (2004). Diagnóstico da sépsis neonatal: Um desafio clínico e laboratorial. *Clinical Chemistry.* 10: 279-287.

CLSI - Instituto de Normas Clínicas e Laboratoriais 2016. Normas de desempenho para testes de suscetibilidade antimicrobiana. Vigésimo segundo suplemento informativo. Wayne, PA, EUA: CLSI:2012;M100-S22.

Collee JG e Marr W.(2006). Cultura de Bactérias. In: Mackie & McCartney Practical Medical Microbiology, 14th ed, Collee JG, Fraser AG, Marmion BP, Simmons A (Editores), Churchill Livingstone-Elsevier, pp.113-129.

D. E. Ballot, T. Nana, C. Sriruttan, e P. A. Cooper. (2012) "Bacterial bloodstream infections in neonates in a developing country," *ISRN Pediatrics,* 12(6): 1-6

D. E. Premalatha, Mallikarjun Koppad, L. H. Halesh, K.C. Siddesh, N. Prakash.(2014). O Perfil Bacteriano e Antibiograma da Septicemia Neonatal em um Hospital de Cuidados Terciários *Jornal Internacional de Tendências Recentes em Ciência e Tecnologia.*;10(3):451-455.

Daniel T. Robinson, Praveen Kumar, Sandra B. Cadicon (2008). Sepsis neonatal no departamento de emergência. Clinical Pediatric Emergency Medicine. 9: 160-168.

Deorari AK. (2009) .Neonatal sepsis; Manageable daunting issue for India. Jornal de Neonatalogia, 23 (1): 7-11

Devendra Kumar Tiwari1, Saroj Golia, Sangeetha K.T., Vasudha C.L. A Study on the Bacteriological Profile and Antibiogram of Bacteremia in Children Below 10 Years in a Tertiary Care Hospital in Bangalore, India. *Journal of Clinical and Diagnostic Research.* 2013;(12): 2732-35.

Dobson SR, Baker CJ (1990) *Pediatrics,* 85(2), 165-71

DS Murty e M Gyaneshwari (2007). Hemoculturas em pacientes pediátricos: Um estudo do impacto clínico. Indian Journal Of Medical Microbiology25 (3):220-224.

Eman M. Rabie Shehab El-Din, MohamedM. Adel El-Sokkary, Mohamed Reda Bassiouny, e Ramadan Hassan(2015). Epidemiologia da sepse neonatal e patógenos implicados Um estudo do Egito. *BioMed Research International* .;1:1-11.

Faryal FF, Rahbar HM, Ali T(2001). Em Actas da 10ª Conferência Nacional Anual de Pediatria, 23

Gaetano Chirico (2005). Desenvolvimento do sistema imunitário em neonatos. *Jornal do Formulário Árabe de Neonatologia.* 2(2):5-11.

Ghai O.P.(2004). Recém-nascidos, Definições In: Pediatria Essencial. 6ª edição; 136-137.

Goldman N, Hu Y. (1993) Excess mortality among the unmarried: Um estudo de caso do Japão. Social Science and Medicine. 36:533-546.

Gorse GJ, Messner RL, Stephens ND(1989). Association of malnutrition with nosocomial infection. *Infect Control Hosp Epidemiol*; 10:194-203.

Greenhow TL, Hung YY & Herz AM.(2012) Mudança na epidemiologia da bacteremia em bebés com idades compreendidas entre 1 semana e 3 meses. *Pediatrics.* Mar .129(3):590-596.

Hengst JM. C Reactive proteins in infants with suspected sepsis.(2003) In: advances in Neonatal Care. W.B. Sounders .3(1) 3-13.

Ho LY.(1992) Sepsis in young infants Rational approach to early diagnosis and treatment. *Singapore Med J.* 33:119-22.

Hogasen AK.(1997) Novas possibilidades de diagnóstico e terapêutica na sépsis neonatal. *Jornal da Associação Médica Norueguesa.* 117:395.

Hotchkiss RS & Karl IE.(2003) The pathophysiology and treatment of sepsis. New England Journal of Medicine.348(2):138-150.

Hussein AB, Khaled MAR. PCR em neonatos com suspeita de septicemia. (2007). *Rawal Medical Journal* ;32(1):24-27.

Iregbu KC, Elegba OY, Babaniyi IB.(2006). Perfil bacteriológico da septicemia neonatal num hospital terciário na Nigéria. Afr Health Sci.6:151-4.

Kairavi. J. Desai, Saklainhaider. S. Malek.(2010) Septicemia Neonatal: Bacterial Isolates & Their Antibiotics Susceptibility Patterns (Isolados bacterianos e seus padrões de suscetibilidade a antibióticos). *NJIRM* 1(3):1-4.

Kaistha N, Mehta M, Singla N, Garg R, Chander J. (2009) Neonatal septicemia isolates and resistance patterns in a tertiary care hospital of North India. J Infect Dev Ctries;4:55-7.

Kapoor L, Randhawa VS; (2005). Deb M. *JCommun Dis,* 37(3), 227-32.

Karambin MM e Zarkesh M.(2011). Enterobacter, o agente patogénico mais comum da septicemia neonatal em Rasht, Irão. *Iran JPediatr.* 21(1):83-87.

Karen M Popolo. Bacterial and fungal infections, Cloherty, Eicherwald, Stark: Manual of neonatal care, 6th edition, pg 274-300.

Kayange N, Kamugisha E, Mwizamholya DL, Jeremiah S, Mshana SE. (2010) Preditores de hemocultura positiva e mortes entre recém-nascidos com suspeita de sépsis neonatal num hospital terciário, Mwanza-Tanzânia. BMC Pediatria ; 10:39

Khatua SP, Das AK, Chatterjee BD, Khatua S, Ghose B, Saha.(1986) A. Septicemia neonatal. Indian J Pediatr . 53 (4):509-514.

Kite P., Millar MR., Gorhant P.(1988). Comparação de cinco testes utilizados no diagnóstico de bacteremia neonatal, Arch. Dis. Child, 1988:63:639-40.

Lee YH, Kim SW, Kim SH (1998). Factores preditivos e sua utilidade no diagnóstico precoce da sépsis neonatal. Journal of Korean Social Neonatology .4(2):195-204.

Leibovici L, Shraga I, Drucker M (1998). O benefício de um tratamento antibiótico empírico adequado em doentes com infeção da corrente sanguínea. Journal of Internal Medicine ;244:379-386.

Liu.C.H, Lehan.C, Speer.M.(1985). Deteção precoce de bacteriemia numa clínica de ambulatório. Pediatrics. 1985; 75:.827-831.

M .N. Shah e P. B. Desai. (2011). Perfis clínicos e bacteriológicos de culturas de sangue positivas sepsis em recém-nascidos. *Int. J. of Pharm. & Life Sci. IJPLS.* 2(9): 1041-45.

Manroe BL, Weinberg AG, Rosenfeld CR, Browne R.(1979). The neonatal blood count in health and disease. I Valores de referência para células neutrofílicas. *J Pediatr.* 95:89-98.

Manucha V, Rusia U, Sikka M (2002). Utility of hematological parameters and C-reactive protein in the detection of neonatal sepsis (Utilidade dos parâmetros hematológicos e da proteína C-reactiva na deteção da septicemia neonatal). Journal of Pediatrics and Child Health. 2002; 38: 459464.

N .Kayange, E. Kamugisha, D. L. Mwizamholya, S. Jeremiah, e S. E. Mshana,(2010) "Preditores de hemocultura positiva e mortes entre recém-nascidos com suspeita de sépsis neonatal num hospital terciário, Mwanza-Tanzânia," *BMC Pediatrics,* 10(39).

Nautiyal S, Kataria V. K., Pahuja V. K., Jauhari S1., Roy R. C., Aggarwal B.(2014). Correlação de hemocultura e proporção de células de banda na septicemia neonatal. *Jornal de Ciências Odontológicas e Médicas.* 13(3) :55-58

Ng PC, Cheng SH, Chui KM,(1997). Diagnóstico de sepsis neonatal de início tardio com citocinas, moléculas de adesão e proteína C reactiva em recém-nascidos pré-termo de muito baixo peso. Arch Dis Child Fetal Neonatal Ed. 77(3): 221-227.

Orlando da Silva. Paediatric Child Health.(1998) How accurate are leukocyte indices and C- reactive protein for diagnosis of neonatal sepsis. 3(3): 158-159

P. Jyothi, Metri C. Basavaraj, e Peerapur V. Basavaraj.(2013). Perfil bacteriológico da septicemia neonatal e padrão de suscetibilidade a antibióticos dos isolados. *J Nat Sci Biol Med.* 4(2): 306-309.

Parikh M, Singh N.(1995). Diagnóstico rápido da septicemia neonatal . Indian J Med Microbiol. 13: 37-40

Pepys, M.B. e Baltz, M.L.(1983). Proteínas de fase aguda com especial referência à proteína C-reactiva e proteínas relacionadas (pentaxinas) e à proteína amiloide A sérica. Adv. Immunol. 34:141-212.

Pourcyrous M, Bada HS, Korones SB, Baselski V, Wong SP (1993). Significância das respostas seriadas da proteína C reactiva na infeção neonatal e noutras doenças. *Pediatria.* 2 (3): 431 5 .

Rabia Shams, Nusrat Khan, Shugfta Hussain. Bacteriology & Anti-Microbial Susceptibility of Neonetal Septicemia in NICU, PIMS, Islamabad-A Tertiary Care Hospital of Pakistan. *Ann. Pak. Inst. Med. Sci.* 2010; 6(4): 191-195

Rajendra Prasad BPM , Basavaraj KN , Beena Antony. Diagnóstico rápido de septicemia neonatal por exame de esfregaço de buffy coat e teste de proteína C-reativa em correlação com hemocultura. Int J Biol Med Res. 2012; 3(2):1658-1661.

Rajiv Aggarwal, Nupur Sarkar, Ashok K Deorari, Vinod K. Paul. Sepsis in the newborn. Indian J Pediatr 2001; 68 (12): 1143-1147.

Rajlakshmi Viswanathan, Arun K. Singh1, Chiranjib Ghosh, Sudipta Dasgupta, Suchandra Mukherjee1 e Sulagna Basu(2012). Profile of Neonatal Septicaemia at a District-level Sick Newborn Care Unit (Perfil da Septicemia Neonatal numa Unidade de Cuidados Neonatais Doentes a Nível Distrital). *J Health Popul Autr*;30(1):41-48.

Ramesh Bhat Y, Amitha Rao.(2010) O desempenho dos parâmetros de rastreio hematológico e da PCR nas infecções neonatais de início precoce. Jornal de Investigação Clínica e de Diagnóstico. 4:3331-3336.

Rao K, Ramji *S,* Thirupuram S (1992) Clinical and Bacteriology Study of Normal and Inflamed Conjunctivae. Pediatria Indiana .29: 161-165

Rasul CH, Hassan MA, Habibullah M.(2007). Neonatal sepsis and use of antibiotic in a tertiary care hospital. Pak J Med Sci. 23:78- 81

Raz R, Ben-Israel Y, Gronich D,(2005) Usefulness of blood cultures in the management of febrile patients in long-term care facilities. Jornal *Europeu de* Microbiologia Clínica e Doenças Infecciosas .24:745-748.

Remington & Klein, Wilson, Maldonedo & Nizet. "Doenças Infecciosas do Feto e do Recém-Nascido". Sétima edição.

Roy I, Jain A, Kumar M, Agarwal SK. (2002). Bacteriologia da septicemia neonatal num hospital de cuidados terciários do Norte da Índia. Indian Journal of Medical Microbiology. 20 (3):156-159

Russell GAB, Smyth A, Cooke RWI. (1992). Receiver operating characteristic curves for comparison of serial neutrophil band forms and C-reactive protein in neonates at risk of infection *.Arch Dis Child.* 67:808-12.

S Thakur, K Thakur, A Sood, S Chaudhary.(2016). Perfil bacteriológico e padrão de sensibilidade aos antibióticos da septicemia neonatal num hospital rural de cuidados terciários no Norte da Índia. *Jornal Indiano de Microbiologia Médica.* .34(1):67-71.

S. Afsharpaiman, M. Torkaman, A. Saburi, A. Farzaampur, S. Amirsalari, e Z. Kavehmanesh,(2012). "Tendências na incidência de sépsis neonatal e suscetibilidade aos antibióticos dos agentes causadores em duas unidades de cuidados intensivos neonatais em Teerão, I.R. Irão", *Journal of Clinical Neonatology,* 1(3): 124-130.

S.I. Nwadioha, E.O.P. Nwokedi, E. Kashibu. (2010). Uma revisão dos isolados bacterianos em hemoculturas de crianças com suspeita de septicemia num hospital terciário nigeriano. Jornal Africano de Investigação em Microiologia. .4(4):222-25.

Sabel KG, Wadsworth(1979). C. Proteína C-reactiva (PCR) no diagnóstico precoce da septicemia neonatal. Ata Paediatr Scand .68:825-31.

Sanghvi KP, Tudehope DI.(1996). Sepsis bacteriana neonatal numa unidade de cuidados intensivos neonatais: uma análise de 5 anos. J Paediatr Child Health.32:333-8.

Schelonkar L, Yoder BA, Hall RB(1995). Contagem de neutrófilos em neonatos. Journal Pediatrics. 126: 505-506.

Segal GB, Halterman JS. Neutropenia na prática pediátrica. Pediatrics in Review.2008;29(1):12- 24.

Shankar M. J., Agarawal R., Deorari A.K.(2008).Sepsis in the Newborn. Indian Journal of Paediatrics. 2008; 75(3): 261-266.

Shankar Santhanan, Chefe de redação: Russel W. Steele. (2012). 'Pediatric Sepsis'. Notícias Referência Educação. Atualizado em 11 de abril.

Sharma A, Kutty CV, Sabharwal U, Rathee S, Mohan M;(1993). Evaluation of sepsis screen for diagnosis of neonatal septicemia. *Indian J Pediatr.* 60(4): 559-563.

Sharma M, Yadav A, Yadav S,(2012). Perfil microbiano da septicemia em crianças. Jornal Indiano para o Médico Praticante.5(4).

Shortland DB, MacFadyen U, Elston A, Harrison G. (1990).Avaliação dos valores da proteína C-reactiva na sépsis neonatal. J Perinat Med. 18:157-61.

Shrestha NJ, Subedi KU, Rai GK (2013). Perfil Bacteriológico da Sepse Neonatal: A Hospital Based Study. *J. Nepal Paediatr. Soc. janeiro-abril.* 1(1):1-5.

Shrestha S, Shrestha NC, Dongol Singh S, Shrestha RPB, Kayestha S, Shrestha M, Thakur NK.(2013). Isolados bacterianos e seu padrão de suscetibilidade a antibióticos na UTIN. *Jornal Médico da Universidade de Kathmandu.* 11(41):67-72.

Siegel JD, McCracken GH Jr. Sepsis Neonatorum. New England. *Journal of. Medicine.* 981;304:642-47.

Sriram R.(2011). International Journal of Biological and Medical Research; Correlação dos resultados da hemocultura com o Sepsis score e o Sepsis screen no diagnóstico de Septicemia Neonatal. 2(1): 360-368.

Stoll BJ, Hansen N, Fanaroff AA.(2002). Changes in pathogens causing early-onset sepsis in very low-birth-weight infants. *N Engl J Med.* 347:240-7.

Tonse N K Raju MD (1999). Ignac Semmelweis and Etiology of fetal and neonatal sepsis (Ignac Semmelweis e a etiologia da sepse fetal e neonatal). Journal of Perinatology. 19(4): 307-310.

Udit Anand, Utkarsh Sharma, Deepak Seth(2015). Desempenho diagnóstico de vários parâmetros laboratoriais para sepse neonatal em um hospital de cuidados terciários. *Anais da Investigação Médica e Dentária Internacional,3* (4):7-10.

van den Hoogen A, Gerards LJ, Verboon-Maciolek MA, Fleer A, Krediet TG.(2010). Tendências a longo prazo na epidemiologia da sépsis neonatal e na suscetibilidade a antibióticos dos agentes causadores. *Neonatologia* .97:22-8.

Varsha, Rusia U, Sikka M, Faridi MMA e Madan N (2003). Validity of haematological parameters in identification of early and late onset neonatal infection (Validade dos parâmetros hematológicos na identificação de infecções neonatais de início precoce e tardio). *Journal of Pediatrics and Child Health* 46 (4) 565-8.

Vrishali Avinash Mulley, Dnyaneshwari Purushottam Ghadage e Arvind Vamanrao Bhore (2015). Perfil Bacteriológico da Septicemia Neonatal num Hospital de Cuidados Terciários da Índia Ocidental. *J Glob Infect Dis.* 7(2):75-77.

Wagle S, Grauaug A, Kohan R, Evans SF. (1994). C-reactive protein as a diagnostic tool of sepsis in very immature babies. J Paediatr Child Health 30:40-4.

Waseem R, khan M, Izhar TS, Qureshi AW.(2005) Neonatal sepsis. *Professional Med J* 12(4):451-456.

Wasunna A, Whitelaw A, Gallimore R, Hawkins PN, Pepys MB.(1990). C-reactive protein and bacterial infection in preterm infants. *Eur J Pediatr* 149:424-7.

West BA, Tabansi PN, Ugwu RO, Eneh AU (2012). O valor preditivo da taxa de sedimentação de microeritrócitos na sepse neonatal em um país com poucos recursos. *Pediatr Therapeut,* 2012; S2:002

Zahedpasha Y, Ahmadpour M. & Hajiahmadi M(2009). Procalcitonin as a marker of neonatal sepsis. *Iran J Pediatr.* 19(2): 117-122.

Zwar MP, Tambekar RG, Deshpande NM, Gadgil PA, Kalekar SM.(2003). Diagnóstico precoce da septicemia neonatal através de um teste de septicemia. *Indian J Pathol Microbiol.* 46(4): 610-612

MIX
Papier aus verantwortungsvollen Quellen
Paper from responsible sources
FSC® C105338

Printed by Books on Demand GmbH, Norderstedt / Germany